進　化　す　る　ト　イ　レ

日本トイレ協会 編

SDGsとトイレ
地球にやさしく、誰もが使えるために

柏書房

はじめに

ＳＤＧｓ（Sustainable Development Goals—持続可能な開発目標）は２０３０年までに到達をめざす17の目標と１６９のターゲット（具体目標）で構成されている。

目標６に「安全な水とトイレを世界中に」が掲げられている。国際連合児童基金（ユニセフ）によると、安全で衛生的なトイレを利用できない人は世界中に約20億人もいる。しかも年々改善されているとはいえ、２０２０年の時点ではまだ４億９４００万人が野外で排泄《はいせつ》しているという。このような状況を改善することが最優先の課題であることはいうまでもない。

トイレはＳＤＧｓの様々なテーマに関連している。本書のねらいは、トイレという具体的なテーマを通して、ＳＤＧｓをわれわれの身近な問題として読み解いていくことである。

本書は４つの章からなっている。各章は相互に関連しながらも、それぞれ独立した内容になっている。

まず総論として、第1章でトイレというテーマとの関係からＳＤＧｓの全体を俯瞰《ふかん》し、すべての人が安全で衛生的なトイレにアクセスできるということの意味について解説する。すなわちトイレを使うことは権利であり、安全なトイレを世界中に普及するということは、世界中の人々の人権の向上につながっていくのである。

そのために日本や世界の国際協力が重要である。野外排泄や安全なトイレが確保できない背景には様々な問題がある。第2章ではトイレがないことによる人権侵害や環境汚染の現状、地域の実情に応じた対応策、日本や各国の企業・団体の支援活動などの事例を取り上げた。

余談ながら、トイレの重要性を訴えてきたのは政府というよりも市民活動、国際NGOの役割が大きい。2013年にNGOの働きかけによって国連総会で「世界トイレの日」が制定され、SDGsにつながっている。実はトイレ環境改善に関する市民活動は日本から始まったものだ。今後はトイレの国際協力に関して、もっと日本の市民活動のプレゼンスを高めていく必要がある。

トイレの利用が権利であるという立場に立てば、障害者や性的マイノリティなど多様な利用者に対する考え方も変わっていくべきだろう。第3章ではこのような観点から「誰一人取り残さない」トイレのあり方、すなわちトイレを利用する権利をどう具体化するかを、広く深く考察した内容になっている。

公共的な場所では多機能トイレが整備されてきたが、逆に利用者が増えて車いすの人が使いにくくなるなどの問題が顕在化している。性的マイノリティの人には、男女別のトイレが利用しにくいという意見もあり、現場ではいろいろな工夫が行われている。ハードだけではあらゆるニーズに対応することは難しいので、教育の役割にもふれている。

第4章は、水資源と下水処理水による公共水域の汚染に焦点をあてて、水洗トイレシステムの問題点を解説している。日本は水に恵まれていると思われているが、はたしてどうか。下水道で汚水はどこまできれいになるのか。水洗トイレを使うことによる環境負荷の実態はどうなのか。世界中の国が水洗トイレを目標にすれば、世界中で水問題が深刻になるだろう。下水道を敷設《ふせつ》して汚水処理するためには莫大な資金が必要だ。世界中でそのようなシステムを普及することは現実的ではない。日本は昔はし尿を肥料にする「エコロジカルサニテーション」の先進国でもあった。その歴史もふまえつつ、水洗トイレの先のトイレシステムのあり方を考える材料を提供している。

ＳＤＧｓはすでに広く認知されており、企業活動や行政の施策の中でも取り組まれている。掲げられた目標は生活のあらゆる場面と関係しているので、わかりにくいところもある。本書がトイレという窓を通してＳＤＧｓを理解する一助となれば幸いである。

編集代表　山本耕平

一般社団法人日本トイレ協会『ＳＤＧｓとトイレ』編集チーム

SDGs とトイレ

目　次

第3章　誰一人取り残さない日本のトイレ

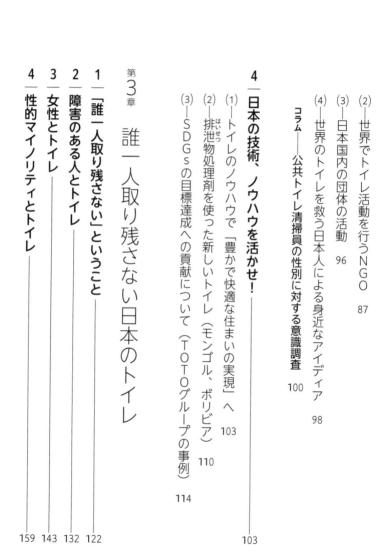

第4章　水洗トイレは持続可能か

第1章

トイレから読み解くSDGs
——17の目標とトイレ

1　SDGsとは何か？

(1)――SDGsの概要

①気候変動をはじめとする社会課題に対応するために

自然災害、異常気象に関するニュースが世界各地で絶えない。

２０２０年５月、アフリカ東部では数千億匹のバッタの群れが発生して約４２００万人が食糧危機にさらされた。２０２１年７月にはドイツで大水害が起き、鉄道は６００㎞被災、死者は隣国ベルギーと合わせて２００名を超えた。私たちはこうした心配な報道を毎日のように目にしている。日本国内での台風や大雨水害も以前に比べて回数が増え、規模も大きくなっており、気候変動の悪影響を抑えられなくなってきているのが現状だ。

２０２１年11月に開催された国連気候変動枠組条約第26回締約国会議（ＣＯＰ26）では、世界の平均気温上昇１・５℃目標を目指す決意を表明し、２０３０年までに二酸化炭素（CO_2）を45％削減、２０５０年までにCO_2排出量を実質ゼロにすることで合意した。

気候変動以外にも世界では貧困や格差、感染症や紛争など、解決すべき地球規模の課題が山積している。

②ＳＤＧｓができるまでの背景と経緯

地球規模のあらゆる課題を解決するため、国連ではこれまでも様々な取り組みを行っている。１９９２年の「国連環境開発会議（地球サミット）」で、現在の気候変動に対する取り組みにつながる地球温暖化防止のための条約や生物多様性、森林保護といった地球の健全性を守る枠組みが生まれ、これ以降に人口・女性・居住のような地球規模にまたがる個別の課題に関する会議がたくさん行われた。２０００年には「国連ミレニアム・サミット」が開催され、主に世界の貧困や健康に対しての目標を設定したミレニアム開発目標（ＭＤＧｓ）がスタートした。２０１２年にはＭＤＧｓの次の目標を掲げるために「国連持続可能な開発会議」で策定プロセスが開始し、２０１５年にＳＤＧｓが策定された。

③ＳＤＧｓの概要と特徴

２０１５年に採択された文書全体は、ＳＤＧｓを含む「我々の世界を変革する：持続可能な開発のための２０３０アジェンダ」（略称２０３０アジェンダ）というものだ。宣言文や17の目標と、それぞれに具体的な目標が書かれた１６９のターゲットや、実施手段、フォローアップについて書かれた文書の総体を指す。世界中の誰もが力を合わせて、地球上の自然の恵みを大切にし、人権が尊重され、すべての人が豊かさを感じられる平和な世界をつくろう、というビジョンを掲げている。

ＳＤＧｓ達成に向けて、各国が積極的に取り組むことが約束された。政府だけでなく、地方自治体や企業、諸団体、市民一人ひとりにも役割があり、そしてそれぞれがパートナーシップを築き、協力・連携し合うことが求められている。

ＳＤＧｓの主なポイント

・２０１５年９月、国連にて全加盟国の賛同により採択
・17の目標、１６９のターゲットで構成（多くの意見を反映）
・５つのＰ（人間（People）、地球（Planet）、豊かさ（Prosperity）、平和（Peace）、パートナーシップ（Partnership））
・誰一人取り残さない（Leave No One Behind）
・すべての国とステークホルダー（関係者）に役割がある

SDGsのそれぞれの目標をわかりやすい表現で書いたもの

SDGsの目標

★目標1　世界中の、あらゆる形の貧困を終わらせる
★目標2　飢餓をなくし、生きていくために必要な食料を安定して手に入れることのできる権利を保障し、栄養状態を良くして、持続可能な農業を進める
★目標3　何歳であっても、健康で、安心して満足に暮らせるようにする
★目標4　だれもが平等に質の高い教育を受けられるようにし、だれもが生涯にわたってあらゆる機会に学習できるようにする
★目標5　ジェンダーが平等であるようにし、すべての女性や女の子に力を与える
★目標6　水と衛生的な環境をきちんと管理して、だれもが水と衛生的な環境を得られるようにする
★目標7　価格が安くて、安定して発電でき、持続可能で近代的なエネルギーをすべての人が使えるようにする
★目標8　自然資源が守られ、みんなが参加できる経済成長を進め、すべての人が働きがいのある人間らしい仕事をできるようにする
★目標9　災害に強いインフラをつくり、みんなが参加できる持続可能な経済発展を進め、新しい技術を生み出しやすくする
★目標10　国と国の間にある不平等や、国の中での不平等を減らす
★目標11　まちや人々が住んでいるところを、だれもが受け入れられ、安全で、災害に強く、持続可能な場所にする
★目標12　持続可能な方法で生産し、消費する
★目標13　気候変動や、それによる影響を止めるために、すぐに行動を起こす
★目標14　持続可能な開発のために、海や海の資源を守り、持続可能な方法で使用する
★目標15　陸のエコシステムを守り、再生し、持続可能な方法で利用する。森林をきちんと管理し、砂漠がこれ以上増えないようにし、土地が悪くなることを止めて再生させ、生物多様性が失われることを防ぐ
★目標16　持続可能な開発のため、平和でみんなが参加できる社会をつくり、すべての人が司法を利用でき、地域・国・世界のどのレベルにおいても、きちんと実行され、必要な説明がなされ、だれもが対象となる制度をつくる
★目標17　実施手段を強化し、持続可能な開発に向けて世界の国々が協力する

（出典）『私たちが目指す世界』子どものための持続可能な開発目標（SDGs）」（公社）セーブ・ザ・チルドレン・ジャパン

コラム

自分とＳＤＧｓはつながっている（弁当を例に考えてみよう）

　市販の弁当を買えば、調理の手間がいらず便利だが、商品によっては塩分や油分過多などで、健康がやや心配になるかもしれない。弁当のおかずとなる農作物をつくる過程で農薬や化学肥料などによる生態系への悪影響の可能性があるかもしれないし、食料を海外から輸入していることは日本の食料自給率にも影響し、それが耕作放棄地や里山の荒廃にも影響してくる。また、弁当をつくる人の労働環境が貧困や格差の課題につながっている可能性もある。このように、弁当一つでも自分だけでなく社会の健康まで話が広がる可能性があるのだ。

　ＳＤＧｓに書かれていることを参考に、自分の日々の暮らしや経済活動とも何かしらつながっているということを理解することで、ＳＤＧｓをもっと身近に感じることができるだろう。

（星野智子）

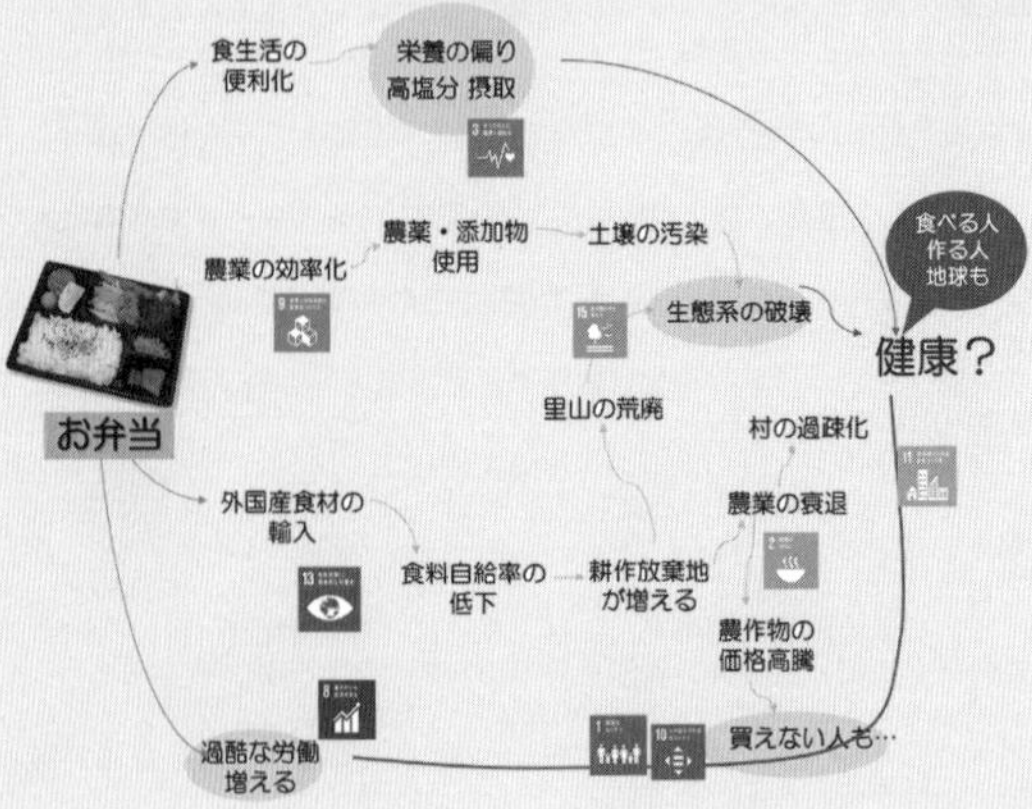

(2)――SDGsからみたトイレへの取り組み

①SDG6の「安全な水とトイレをすべての人に」とは？

ＳＤＧｓでは、17の目標の６番目として「安全な水とトイレを世界中に」を掲げている。少し難しい表現をすると「すべての人の水と衛生の利用可能性と持続可能な管理を確保する」と表記される。

ＭＤＧｓの中では「衛生」という一言の中にトイレ問題も集約されていたが、目標の実現には至らず、いよいよ具体的に表現されるようになった。それだけ世界のトイレ問題は深刻なのだろう。

ＳＤＧｓの目標６のアイコンは、水色の背景でコップのような容器に、水を意味する水滴のマークが中央に描いてあり、その下部には下方向の矢印が描いてある。英語では「CLEAN WATER AND SANITATION」と表記される。なお、本項ではこの目標６のことを、国連の資料と同じく「ＳＤＧ６」と表記する。

SDG 6のアイコン

出典：https://www.unic.or.jp/activities/economic_social_development/sustainable_development/2030agenda/sdgs_logo/sdgs_icon/

②8つのターゲットと関係性

ＳＤＧｓには目標ごとに、さらに詳細な目的や数値を具体的に示した「ターゲット」が示されている。これは全17の目標で合計169個あり、ＳＤＧ６の場合は、８つのターゲットが示されている。

内容を一言で言うと、飲み水・トイレ・し尿（うんちゃおしっこのこと）を含めた排水の処理・水資源のあり方などについて示しており、そのために活動する人々のネットワークが大切であると示されている。

ＳＤＧｓの17の目標は、それ

SDG6の8つのターゲット

NO	内容
6―1	2030年までに、すべての人々が安全で安価な飲料水に普遍的かつ公平にアクセスできるようにする。
6―2	2030年までに、女性や少女、弱い立場にある人々のニーズを、特別な注意を払いつつ、すべての人のために適切かつ公平な衛生設備へのアクセスを達成し、野外排泄をなくす。
6―3	2030年までに、汚染の削減、投棄の排除、危険な化学物質や材料の放出の最小化、未処理の廃水の割合の半減、リサイクルと安全な再利用の大幅な増加により、水の質を改善する。
6―4	2030年までに、すべてのセクターで水使用効率を大幅に向上させ、淡水の持続可能な採取および供給を確保することで、水不足に対処し、水不足に悩む人の数を大幅に減少させる。
6―5	2030年までに、必要に応じて国境を越えた協力を含む、あらゆるレベルで統合水資源管理を実施する。
6―6	2030年までに、山地、森林、湿地、河川、帯水層、湖沼などの水に関する生態系を保護・回復する。
6―a	2030年までに、水と衛生に関連する活動およびプログラムにおいて、開発途上国への国際協力と能力開発支援を拡大し、その中に水の採取、海水淡水化、水の効率的利用、排水処理、リサイクル、再利用技術などが含まれる。
6―b	水と衛生管理の改善に対する地域社会への参加を支援・強化する。

出典：「Sustainable Development Goal 6 Synthesis Report on Water and Sanitation」p.27をもとに白倉正子が翻訳作成

ぞれは独立しているように思われるが、実は互いに関連しあっており、切っても切れない関係にあるのだ。

同様にSDG6の中でも、飲み水・トイレ・し尿処理・手洗い・排水処理・自然環境の中の水場の環境保護に関することが細分化されており、互いに関連している。

たとえば、飲み水の確保は大事だが、その飲み水を川から汲《く》んでいた場合に、その川の水に向かって排泄《はいせつ》もしてしまえば、その川の水が汚染されてしまい、それを知らないうちに飲んでしまうと、体調を崩してしまう…という具合だ。

手洗いも同様で、水が貴重な地域では手を洗うことも難しく、教育も乏しい。そのような地域の人は、トイレで用を足した際に、紙がなければ、自身の指や近くの草などを使って、陰部の清潔を保つこともあるだろうから、手が汚染されたまま日常生活を送ることになり、手を介しての感染拡散は否定できないだろう。

２０１９年以降に世界的に流行した新型コロナウィルス（ＣＯＶＩＤ‐19）の感染時期でも、手洗いがしやすい地域と、そうでない地域では、被害の大きさが異なっていた。人々が不健康でいると、まともに仕事をすることもできず、貧困から抜け出せない状態になるのだ。

③SDG6の現状や課題が一言でわかるキーメッセージ

ＳＤＧｓには、現状や課題が把握しやすいように、一言でまとめた「キーメッセージ」がある。わかりやすいフレーズで具体的な数字を使って書いてあるので、印象的で覚えやすい。

ＳＤＧ６については国連の資料によると、67個のキーメッセージがあった。そこでここでは、代表的なキーメッセージを抜粋した。それから、図はＳＤＧ６の目標（２０２１年時点）や現状をわかりやすく示したものである。

SDG6のキーメッセージ（抜粋）

●20億人が、安全に管理された飲み水を使用できない。このうち、１億２２００万人は、湖や河川、用水路などの未処理の地表水を使用している。

●36億人が、安全に管理された衛生施設（トイレ）を使用できない。このうち４億９４００万人以上は、家や近所に利用できるトイレがなく、道ばたや草むらなど、野外で用を足す、野外排泄を行っている。

●23億人が、石けんや水が備わった基本的な手洗い設備が自宅にない環境で暮らしている。

出典：UNICEF/WHO「Progress on household drinking water, sanitation and hygiene 2000-2020」（ユニセフ・ＷＨＯ水と衛生に関する共同監査プログラム（ＪＭＰ）による最新報告書『家庭の水と衛生の前進

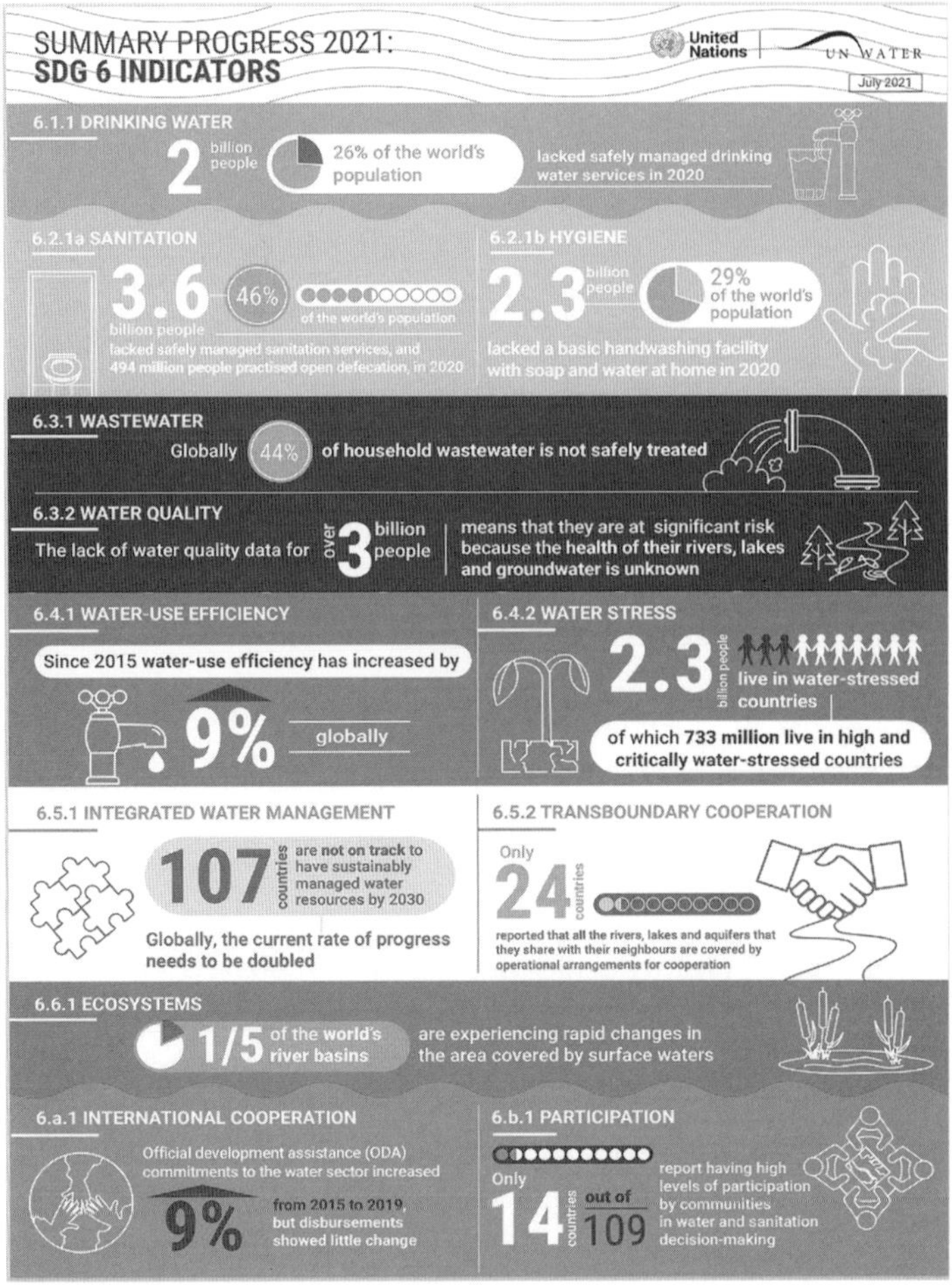

SDG 6の目標をわかりやすく示したポスター（2021年時点）

出典：「Summary Progress Update 2021：SDG 6 water and sanitation for all」p.7より抜粋

2000-2020』）

(3) ――トイレからのアプローチ

①トイレから見える世界とは？

トイレには、一体、何があるだろうか？

「トイレ」と一言に言っても、実は奥が深く、言われないと気がつかないことが多い。たとえば、誰もが毎日トイレに行くが、ぐるっと見渡すと、便器だけではなく、便座（温水洗浄便座も含む）・トイレットペーパー・トイレットペーパーホルダー・洗面台（手洗い用）・ハンドドライヤー・ドア・鍵・壁・床・換気扇・オストメイト用設備・おむつ交換用ベット・トイレ掃除用のブラシ・雑巾・洗剤・除菌剤・ごみ箱・水道・手すりなど、案外たくさんの物がある。

また個人的に使用するトイレとして、おむつ・おまる・ポータブルトイレなどがあり、目的や使い方により形状は異なる。そして毎日出すうんちやおしっこも、すぐに消えてなくなるわけではない。し尿を出す処理方法は、下水道を使うトイレ・浄化槽を使ったトイレ・ぼっとんトイレ・コンポストトイレがあり、仮設トイレ・携帯備蓄用トイレも存在する。

それから、トイレがある場所は家だけではなく、公園・学校・公民館・駅・商店・劇場・高速道路・空港・高齢者施設・工事現場・イベント会場・川のそば・山の中・電車の中・飛行機の中・船の中・宇宙船の中など、人がいる場所には必ずトイレが存在する。

うんちやおしっこをするのは、人間だけでなく、動物も同様である。しかも毎日であり、止まることはない。たとえば「今日は行くけど、明日は行くのを控えよう」とはならない。

トイレを使う人にも、いろんな人がいる。たとえば、赤ちゃん・子ども・妊婦・子育て中の人・車いすを使っている人・目の不自由な人・耳の不自由な人・手足が自由に動かせない人・精神的に物事を理解するのに時間や他の人の手助けを必要とする人・高齢の人・外国人・背の高い人・背の低い人・文字の読めない人…などだ。

トイレに関わる人は「トイレを使う人」だけではなく、「トイレをつくる人」（便器メーカーや建築家・大工）がおり、「トイレを保つ人」（トイレを保持している建物の責任者・家の場合には家族全員）がおり、「トイレを守る人」（トイレを清掃する人・故障した設備を直す人・し尿の処理に関わる人など）もいる。

こうして、トイレを丁寧に観察したり、外出先でトイレを積極的に使ったりしてみると、いろんなモノやコトがあることに気がつく。そのうえ、関わる人の多さ・必要なインフラ・大事な技術があることは、こうして書いてみると具体的にイメージできる。

これだけ様々な要素があると、「トイレ＝社会の縮図＆小さな地球」と言えるのではないだろうか？　だからトイレを通じて、身近なことから地球規模の課題まで考えると、視野が広がる。様々な人が気持ちを一つにして、良いトイレをつくろう！　と行動すると、「一人も取り残さない社会」を構築できるのではないだろうか？

「ＳＤＧｓ×トイレ」は、持続可能な社会を構築する、みんなの共有言語になると確信する。

②国連が制定した「世界トイレの日」

下水処理から野外排泄の根絶まで、多岐に渡る問題提起ならびに政策を推進するために、国連では２０１３年7月24日の国連総会で、11月19日を「世界トイレの日」（World Toilet Day）を正式に制定した。２００１年11月19日に世界トイレ機構（World Toilet Organization／詳細は87頁参照）がシンガポールで発足したことを記念して選定され、毎年この日に世界各地でトイレに関するイベントや啓発活動が行われている。(注)

③17の目標とトイレの関連性から、持続可能な開発のあり方を模索する

ところで、国連が発刊したＳＤＧｓの資料「Sustainable Development Goal 6 Synthesis Report on Water and Sanitation」の１３０頁では、「ＳＤＧ６が持続可能な開発に絶大な効

SDGsの17の目標とトイレ環境の改善案のイメージ

NO. 1 …トイレ環境が不備だと、不健康になり教育も受けられず､貧困から抜け出せません。
NO. 2 …便と尿を肥料に変えるトイレを使えば、化学肥料に頼らない農業ができます。
NO. 3 …トイレが清潔で、飲み水や手洗いの環境が整えば、救える命が増えます。
NO. 4 …学校に、安全なトイレがたくさんつくられると、教育を受ける機会が増えます。
NO. 5 …性別にかかわらず、誰もが安心して使えるトイレの普及が、望まれています。
NO. 6 …せっかく飲み水を確保しても、し尿を正しく処理しないと水が汚染されてしまいます。
NO. 7 …資源を節約しながら、衛生的で安全なトイレを守りましょう。
NO. 8 …トイレの仕事をもっと、衛生的で楽しくすると、雇用創出につながります。
NO. 9 …トイレをつくる仕事やトイレ清掃の労働環境の向上のための技術開発を目指しましょう。
NO.10…トイレの環境は、国や地域によって異なりますが、きれいならみんなが喜びます。
NO.11…トイレは、体の不自由な人の外出をサポートし、災害時にも大事です。
NO.12…トイレをつくる時は環境に配慮した素材を選び、廃棄時にはリサイクルを意識しましょう。
NO.13…気候変動により、自然災害が増えたため、トイレが使えなくなることがあります。
NO.14…水やし尿を、きちんと微生物処理してから放流すると、海が汚れません。
NO.15…生き物の排泄物を肥料にして自然循環させると、生態系を守ることにつながります。
NO.16…トイレを安全に使う権利は､すべての人に平等に提供されなくてはなりません。
NO.17…トイレが不備な国々には、先進国の技術提携などの手助けが必要です。

作成：白倉正子・星野智子（2022年４月時点）

果をもたらす方法」として、17の目標とＳＤＧ６の関係性や効果を示している。一見興味深いが、中身を読むと、大半が「水と各ゴールとのつながり」を示しており、トイレに関する表現は少ない。

そこで、ここでは、ＳＤＧｓの17の目標とトイレを関連づけてみた。トイレ問題は単体の問題とされ、隅に追いやられがちだが、実際には環境問題・衛生・福祉・教育・人権・災害・健康・産業・観光・ジェンダー…などと深い関係があり、案外いろんな分野に関わっているからだ。

この17種の目標にすべてを当てはめることはできるか？　または17種で収まるか？　は考案者の思い込みや時代の変化で変わるかもしれないが、とりあえず当てはめてみた。トイレは他の分野の手助けが必要であり、また相互作用があることを把握してもらえるとありがたい。そしてトイレからＳＤＧｓを実現できることを、実感していただければ幸いである。

（星野智子・白倉正子）

（注）　日本ユニセフのホームページ「11月19日は「世界トイレの日」「見えないトイレ」が登場、世界の３人にひとりがトイレを使えない現実を伝える」　https://www.unicef.or.jp/osirase/back2013/1311_06.html

コラム

SDGsを漫画で学べるトイレットペーパーを全国に届けた高校生の活動

トイレに詰まった社会課題を洗い流す！

私たちのチーム名である「Plunger」は、トイレの詰まりを取り除く道具のこと。ジェンダー課題への無関心を洗い流し、「みんなちがって、みんないい」と、多様性を認め合える社会の実現を目指したプロジェクトチーム。その一環として、「SDGsを漫画で学べるトイレットペーパー」を制作し、全国各地に届けた。

「ジェンダー×トイレ」の原体験

「ジェンダー×トイレ」で活動するキッカケとなったのは、プロジェクトリーダーで高校生の原田怜歩《らむ》が小学生だった頃。親友から性的マイノリティであることを告白され、「トイレに行くたびにモヤモヤする」「周りの目が気になる」という話を聞く。原田にとっては誰もがホッとできる場だと思っていたトイレが、安心安全な場ではなかったことに衝撃を受けた。

高校生になった原田は、違和感を胸に抱いて、トイレ研究のためにアメリカへの留学を決断。留学先では、すべての人が使えるオールジェンダートイレが生活に浸透していたことに驚き、一方の日本ではトイレにおけるジェンダーへの意識がまだまだ薄いことを思い知った。

Plungerのメンバー
（左から小山、小森、原田、齋藤）

帰国後、原田は教員の齋藤亮次、戦略コンサルタントの小山耕平、美大生でOGの小森未来《みく》とともに、異色のチームを組んで日本のトイレにおけるジェンダー課題解決に取り組むことに。

可視化されづらい「ジェンダー×トイレ」

トイレおよびジェンダーの課題は、ＳＤＧｓの一つのゴールに掲げられている一方、世界経済フォーラムにおける日本のジェンダーギャップ指数は世界１１６位となっている（１４６か国中）。国会における女性議員の割合や賃金のジェンダー格差というのが下位に沈んでいる主な要因だが、可視化されづらい「性的マイノリティに対する理解」が進んでいるとも言いがたい。

まずは「オールジェンダートイレ」の認知・普及のために、ＬＧＢＴコミュニティやユニバーサルデザインを手掛ける企業、多くの人が利用する空港、ダイバーシティを推進している渋谷区や鎌倉市などにヒアリングを繰り返した。

結果、もともと関心をもっている人たちをターゲットにしても、問題意識をもつ人を増やすのは難しいのではないかという結論に至った。

そこで、私たちだからこそできる方法で、「ジェンダー×トイレ」の課題について知ってもらうことが大事であると考え、幅広い人に届けるためのアイディアを出すことに切り替えた。

メディアとしてのトイレットペーパー

考え抜いた結果、「ジェンダー×トイレ」の課題とＳＤＧｓについて楽しく漫画で学んでもらえるトイレットペーパーを制作することに。

トイレットペーパーは老若男女誰しもが使用する最強のメディアであることに気づいた。小学校高学年の児童でも理解できるように、描くイラストはわかりやすく、できるだけシンプルなものにこだわった。漫画の内容は、ＳＤＧｓに合わせて教育や貧困、経済、環境問題など幅広い。しかし、17のゴールはバラバラに存在せず、複雑に絡み合っていることを活かして、すべてのゴールをジェンダーかトイレと関連づけた。また、見てくれた人が「当事者意識」をもてるように、世界中の様々な課題を取り扱いつつ、必ず最後には身近な話題と結びつけ、行動に移したくなるように工夫を凝らした。余談だが、再生紙１００％のダブルロールで、地球にもお尻にも優しいというのが売りである。

最初は、「ファッション」でも良い。

　ＳＤＧｓが世の中に普及するにつれ、「なんちゃってＳＤＧｓ」が増えたことが問題視されている。もちろん、そのままでは困ってしまうのだが、最初はファッション（流行）でも良いのではないかと思う。ファッションでも良いからアクションを起こせば、そこにパッションが生まれ、いずれミッションになることだってある。考えるだけでなく、行動に移す。私たちPlungerが大切にしてきたことでもある。

　トイレットペーパーは、クラウドファンディングで１００人以上の人に応援してもらい、なんとか完成させることができた。テレビやラジオ、新聞、各種メディアへの出演のほか、自治体や商業施設などで

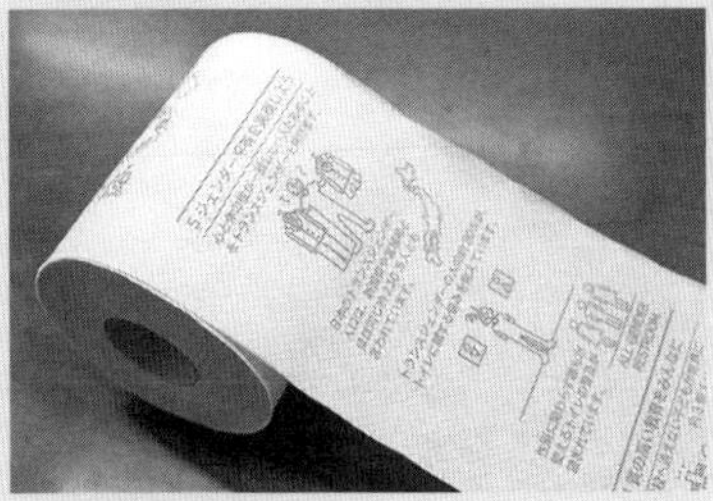

SDGsを漫画で学べるトイレットペーパー

導入してもらい、鎌倉市内の全小中学校、北海道から島根県の離島の学校まで、全国各地に設置させてもらった。

これからも、ＳＤＧｓや「ジェンダー」「トイレ」の課題について楽しみながら考えてもらえたらうれしい。ただし、漫画に夢中になって、トイレを独占しないように気をつけてくださいね！

（齋藤亮次）

全４種のトイレットペーパー

100BANCHでプレゼンするPlunger代表・原田

2 トイレと人権

(1) 人権とSDGs

人権とはすべての人が生まれながらにもつものであり、SDGsの「誰一人取り残さない」という考え方と非常に親和的である。これは単なる偶然ではない。2015年に国連総会で採択された決議にも、SDGsの達成には国際的に認められた人権基準に基づく行動が必要だと明確に示されている。したがって、人権とSDGsは切り離して理解できるものではなく、むしろ同時に認識することで、それぞれの実現につながるものである。

(2) 水とトイレの権利

2015年の国連総会決議には、「水とトイレの人権について認識し」ということも明記されている。最初に、トイレと人権が関連づけて認識されていく流れを、国連の文書をもとに確認しておきたい。

１９４８年に国連総会で採択された「世界人権宣言」には、トイレについての明確な言及はない。この世界人権宣言が法的拘束力のある条約という形になった自由権規約（注１）や社会権規約（注２）にも、トイレに関する権利規定は存在しない。ただし、トイレとの関連で使われる「Sanitation」という言葉は、その後の人権条約に登場するようになった。たとえば、１９７９年の女性差別撤廃条約（公定訳は女子差別撤廃条約）の14条には、農山漁村地域に暮らす女性が権利として享受すべき「適当（adequate）な生活条件」の一つに「Sanitation」が明記されている。１９８９年の子どもの権利条約（公定訳は児童の権利条約）24条は、健康に関する権利の内容として、子どもたちが「衛生（環境衛生を含む）（hygiene and environmental sanitation）」について知識や情報、教育を受け、その知識の使用について支援を与えられることも明記している。

これらの流れを受け、トイレの問題を人権の国際的な人権保障の課題として取り上げようという考え方が、２０００年頃から少しずつ広がってきた。２０１０年には国連総会で「水とトイレの人権」決議が採択され、そこには「生命およびすべての人権の完全享有に必須のものとして、人権としての安全で清潔な飲料水とトイレの権利を認識する」と明記された。水とトイレは人間として、人間らしく生きることに直結していて、すべての人権の完全な享有にとって不可欠の事柄である。国際社会のコンセンサスとして示されたこの考え方は、翌年の国連人権理事会でも繰り返され、「水とトイレ」は人権そのものとして捉えられるようになった。

ただし、ここまでの議論は、トイレが「適当な生活条件を享受する権利」や「健康に関する権利」、または「水の権利」に付随するものとして位置づけられていた。いわば、他の権利に包摂される形で、トイレはその権利を実現するための条件と認識されていた。

(3)――トイレを利用する権利

他の権利を実現する条件としてトイレを位置づけることは、もちろん一つの重要な視点である。ただし、トイレの利用がプライバシーを含む人間の尊厳（dignity）と密接不可分であることから、次第にトイレそのものを人権として捉える考え方が提唱されるようになった。トイレを一つの独立した権利と位置づけたのが２０１３年に国連総会で採択された「すべての人にトイレを」決議である。この決議は、世界中のトイレをとりまく衛生状況の改善に向けて、11月19日を「世界トイレの日」として公認したことでも有名である。

２０１５年に国連総会は再び「水とトイレの人権」決議を採択した。この中で、「水の権利とトイレの権利は密接に関連しているがそれぞれ独自の特徴を有しており……トイレについては個別の権利として取り組まないと無視され続けかねないことを想起」すべきことが明言されている。水とトイレは関連づけられることが多いものの、個別に取り組まなければならないこともある。むしろ、個別の問題として十分に認識しなければ、後回しにされてしまいかねない。この視点はＳＤＧｓの取り組みにも反映されている。

(4)――トイレを利用する権利とはどのような人権なのか

ここまで、トイレそのものを人権の一つとして捉える必要があるとの認識を、国連文書をもとに確認してきた。では人権としてのトイレとは具体的に何を意味しているのか。ここでは「トイレを利用する権利」という具体的な権利について、大きく3つの点からその特徴をみていくこととする。

①権利の不可分性

不可分性（indivisibility）とは、密接に結びついていて、分けたり切り離したりできないことである。一つの権利を実現することは、すべての権利につながっている。ある権利を実現することは、それ単独の成果ではなく、その他の権利の実現へとつながっていくものであり、逆に言えば、一つの権利が実現できていないことは、他の権利の十分な実現を阻害することにもなりうる。人権は、権利ごとに具体的な検討は必要だが、それぞれが単体で存在するのではなく、相互に密接に連関しているのである。

トイレを利用する権利が、適当な生活条件を享受する権利、健康に関する権利、水の権利と密接に関わっていることは先に述べたとおりである。他の権利との関わりはそこにとどまらない。たとえば、トイレを利用することは教育の権利の実現にも不可欠である。トイレが十分に存在しない、あるいは安全ではない場合、学校に行くことができない。生理中の女子生徒が安心して安全にトイレを使えなければ、女子生徒は学校へ行くことを躊躇《ちゅうちょ》せざるをえない状況が続く。このため教育を受ける機会を奪われ、結果、教育の権利が侵害される。

労働の権利とも密接に関わっている。職場は仕事をする場所であり、トイレの利用は付随的なようにみえるが、排泄《はいせつ》が生命の適切な維持に不可欠な行動であるため、実際には就労と密接不可分な事柄である。トイレが自由に使えないことで仕事に集中できない就労環境は、労働条件に関する権利を侵害することとなり、トイレ利用の不当な制限は、労働する権利そのものの行使を困難にする。

また、生理や妊娠・出産など、身体的な特徴や状況に基づいてトイレを利用しづらい状況は、ジェンダー平等ないし男女平等の原則にも反することとなる。ほかにも、周囲からはわかりづらい特徴などによってトイレの利用を実質的に制限されている場合（内部障害や知的障害、トランスジェンダーなど）など、気づかないままに差別的な状況がつくりだされているケースもある。

トイレの利用は、その人の属性や特徴、地位や身分にかかわらず、人間の生存に不可欠な行動であり、すべての人に平等に確保されなければいけない。人権としてのトイレを利用する権利は、トイレを利用する場面にとどまらず、あらゆる日常生活や社会生活に、そしてそこで実現されるべき他の権利へと直結している。

②トイレを利用する権利を支える原則

このようにトイレを利用する権利を人権として捉えたうえで具体的な課題について考える際、常に立ち返るべ

「トイレを利用する権利」と他の権利との不可分性

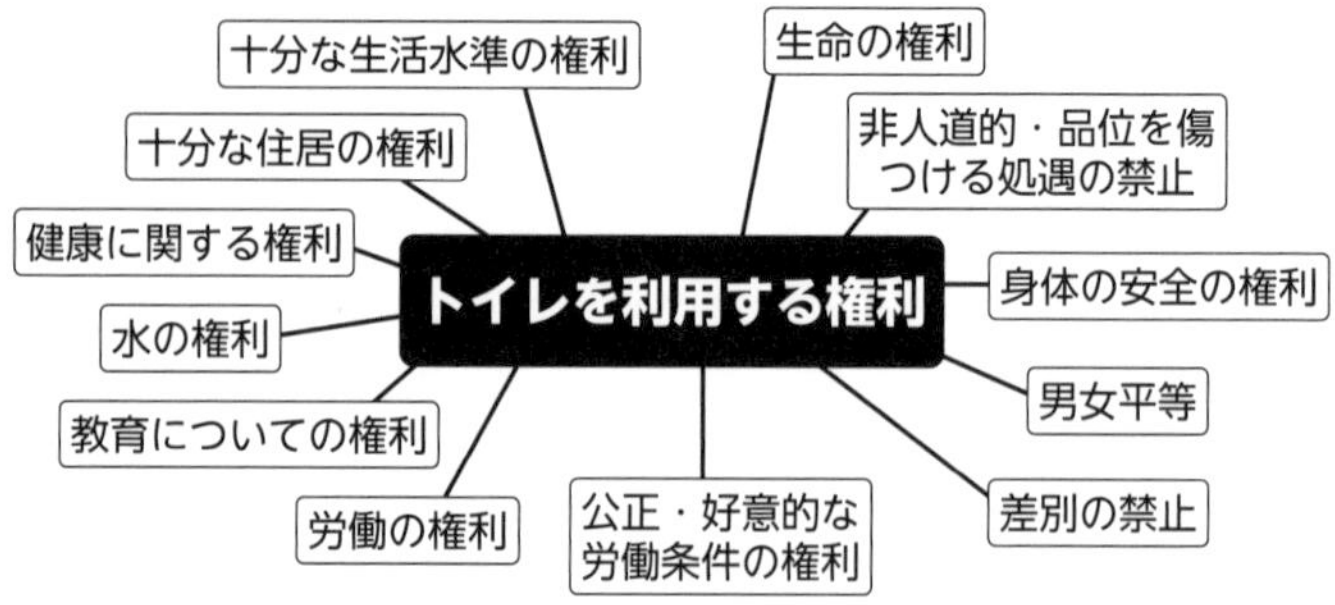

出典：筆者作成

き2つの原則がある。一つは人間の尊厳という視点、そしてもう一つは無差別の権利享有である。

トイレを利用することは、人間がその生命を維持するために、あるいは生きていくうえでの健康を維持するために必要不可欠である。一方、排泄行為そのものは、人間生存にとって欠かせない生理現象であるにもかかわらず、「汚物」という言葉に象徴されるとおり、汚《けが》らわしいもの、ないし、隠されるべきことと位置づけられている。トイレが安全で安心な場所であるか、いつでも利用したい時に適切に利用できる状態となっているか、他者からの不当な干渉なく目的を遂行できるか。様々な視点からトイレを利用する権利について考える際、その中核となるのは、尊厳が十分に確保され、プライバシーが的確に保障されなければならないという原則である。

もう一つ、無差別の権利享有も、トイレを利用する権利を考えるうえで重要な原則となる。人権はすべての人がすべての権利を等しく享有する、という大原則をもつ。２０１５年に国連総会で採択された「水とトイレの人権」決議も、「人種やジェンダー、年齢、障害、民族、文化、宗教、国民的・社会的出身またはその他の理由により危険にさらされている人々の、トイレへのアクセスの不平等を撤廃する必要がある」と述べている。いかなる理由による差別も許されないことが大原則として認識されなければならないということも、人権としてトイレを利用する権利を捉えるための、重要な原則の一つなのである。

③権利の実現に向けて

トイレを利用する権利を実現するためには何が求められているのか。２００９年に国連の水とトイレの権利に関する独立専門家[注3]は報告書の中で「利用可能性」「アクセス可能性」「容認可能性」「負担可能性」「質」の５項目を挙げた。５つの項目は代表的な基準を列挙したものであり、相互に密接なつながりをもっている。それぞれは排他的なものでもなく、重なり合う部分も多いことを前提としたうえで、以下に各５項目を説明する。

利用可能性（Availability）

あらゆる場所において適切なタイミングで利用できるトイレの設備を整備することが、トイレを利用する権利を実現するために必要となる。報告書には、長時間待たずに利用できるトイレの数の確保などの具体的な基準も示されている。

アクセス可能性（Accessibility）

容易に、かつ、迅速に利用できる場所や距離にトイレを設置しなければならない。トイレにたどり着くまでの行程がスムーズであることや、障壁を除去することが求められる。特に様々な人の特性に関するニーズに応えられる設備の配置や設計が必要である。

容認可能性（Acceptability）

それぞれの社会や文化において受け入れられやすい設計を考えなければならない。世界的に認められた基準を軸にしつつ、それぞれの国や地域の経済状況や文化的・社会的な価値観もまた設計に組み入れる必要がある。ジェンダーによる区分をどのような形で設定するか、トイレの設備がどこまで整備できるのかなど、具体的な考慮が求められる。

負担可能性（Affordability）

トイレを適切な価格で利用することができ、特に他の基本的なニーズを阻害しない価格設定とすることが求められる。トイレの利用は、人間が生きるうえでの基本的なニーズであるものの、その他の衣食住などに関するすべての事柄も同時に達成できなければならない。そのためには場所や事情に応じた技術支援や財政支援を行うことも必要となる。

質（Quality）

排泄物との接触やそこからの感染を防ぐための清潔な環境を維持できるトイレ設備の質も重視しなければならない。対人的な清潔さの確保だけでなく、利用者の物理的・精神的な安全性も確保されなければならない。

(5)――トイレを人権として考える意味

そもそも、トイレを人権として考えることに、どのような意味があるのか。トイレを利用する権利があらゆる権利と密接不可分の関係にあることは先に述べたとおりである。

ここでいう権利の不可分性は、何もトイレを利用する権利に限ったことではない。１９９３年のウィーン宣言・行動計画（注４）では「すべての人権は、普遍的（universal）であり、不可分（indivisible）かつ相互依存的（interdependent）であり相互に関連し合っている（interrelated）」ということが、人権の基本原則として確認された。何かの権利が侵害されていれば、別の権利の享受にも必然的に影響が及ぶ。逆に言えば、何かの権利が十分に満たされるようになれば、ほかの権利を実現していく道筋がみえてくる。したがって、トイレを利用する権利について考えることは、人権すべてを考えることへとつながっていく。とりわけトイレの利用が人間の生存に不可欠であることから、トイレを利用する権利はあらゆる人権の基礎にあるものと位置づけることもできる。

なお、人権という言葉に関連して、日本で生じやすい誤解についても触れておく。人権の視点で考える、という場合、弱い立場にある人のことについて考えること、あるいは、配慮をしていくこと、思いやりをもって接すること、優しくあること、といった考え方と直接的に結びつけられることが多い。これらは人権の捉え方として間違いではないものの、一つ重要な視点が抜け落ちている。人権はすべての人がその享有主体である、という点である。たとえば、休日に外出することを決めたとする。その際、どれだけの人が外出先のトイレの情報を調べるだろうか。おそらくほとんどの人は、特にその情報を調べないままに外出する。それはトイレを利用する権利を当たり前のように享受しているからである。しかし、なかには事前にトイレの情報を調べたり、数時間前から飲み物を控えたりする人もいる。これはトイレを利用する権利が享受できない可能性を、経験上、知っているためである。いずれも同じくトイレを利用する権利の行使をめぐって生じた現状である。トイレの利用に不便を感じている人のために、人権という視点が必要なのではない。同じ権利について、それぞれの人がもつ特徴によって、不均衡な形で、享有できている人とできていない人がいる。そのことに気づくために必要なのが、人権の視点なのだ。

だからこそ、困っている人を助ける優しさや思いやりももちろん重要だが、それは人権の一側面でしかない。すべての人がすべての権利の享有主体である、という人権の考え方は、日常生活や社会生活上の困難は何かの権利の侵害であるのと同時に、困難なく当たり前に生きられる日常は、何らかの権利によって支えられていることを示している。その不均衡な現状に気づくこと、言い換えれば、人権を享有しているように見えて、それが特権でしかないことを認識するためのツールが、人権なのである。

人権が等しく保障されていくためには、脆弱《ぜいじゃく》な立場に置かれている人々のニーズを考えていかなければならない。それを単なる思いやりや配慮とだけ認識してしまえば、人権という概念のもつ意味は半減する。脆弱な立場に置かれている人々、それは、人種や性別、性的指向、性自認、障害、年齢、経済状況などの要因により、女性であること、性的マイノリティであること、外国にルーツをもつこと、障害をもって生きていること、高齢であること、路上生活をしていること、生活保護を受けていること、拘置所や入管などの収容施設にいること、災害避難所や難民キャンプにいることなど、様々な状況が想起できる。すべての人が尊厳をもった等しい人権享有主体であるとの前提にたちかえれば、人権としてのトイレを利用する権利は、そのすべての状況下において、すべての人々に保障されなければならない。そのための具体的な設計や制度の構築、政策の立案や決定のあらゆる過程では、脆弱な立場に置かれている人々の参加は不可欠である。思いやりや配慮だけでなく、様々な立場のニーズに見合ったトイレをつくり上げていくことが求められている。

(6)――さいごに

日本語としてはあまり浸透していないものの、人権という視点に立って、その実現に向けて取り組む人々のことを国連では「人権擁護者（Human Rights Defender）」という概念で表している。トイレを利用する権利は人権であるとの考え方は、国際的に認められた人権基準である。その権利の実現は、すべての人権の実現へとつながっている。トイレに関連する事業者をはじめ、トイレを利用するすべての人は、トイレについて考え、行動する人権擁護者であるし、また、人権擁護者でなければならない。

（谷口洋幸）

（注1）「市民的及び政治的権利に関する国際規約」の略称。１９６６年に採択され、日本は１９７９年に批准している。自由権（国家からの不当な干渉の排除を求める権利）を中心とする人権の国際的な保障に関する多数国間条約である。日本語では「自由権規約」のほか、「（国際人権）Ｂ規約」の略称も用いられている。

（注２）「経済的、社会的及び文化的権利に関する国際規約」の略称。１９６６年に採択され、日本は１９７９年に批准している。社会権（国家に権利を実現するための措置を求める権利）を中心とする人権の国際的な保障に関する多国間条約である。日本語では「社会権規約」のほか、「（国際人権）Ａ規約」の略称も用いられている。

（注３）国連には人権に関するテーマごとに調査や提言を行う専門家が任命される手続きがある。専門家は政府の代表者ではなく個人の資格で選出され、世界規模での人権侵害状況の調査や関係者へのヒアリング、具体的な施策の提言などを行う任務を与えられる。

（注４）１９９３年６月にウィーンで開始された世界人権会議において採択され、翌月に国連総会において承認された文書である。人権に関する基本的な原則についての世界的な合意をまとめた文書であり、国連や各国における人権保障の取り組みの基礎となっている。

第2章

安全な水とトイレ
——トイレなき世界を変えよう

1　安全な水とトイレ――約5億人が野外排泄《はいせつ》をしている世界

(1)――世界のトイレ事情

①トイレがない世界とは?

みなさんは、「トイレがない生活」を想像できるだろうか?

大半の人は、「トイレは家に1つ以上あって、外出先では男女の形をしたトイレのマークを探して近づき、トイレの中に入り、用を足して、紙や温水洗浄便座でお尻を清潔にし、レバーを回して水を流せば、それでおしまい」と思っているだろう。

自分のうんちやおしっこがどこに行ったのか?　を考えることも少なく、家の周辺がうんちやおしっこで不衛生になることは想像すらしたことなく、手が汚れても、すぐに水道にアクセスできるからだ。

しかしそれは当たり前のことではない。世界には家にトイレがない人がたくさんおり、お尻を紙で拭かない人や、水で流せない人も大勢いるのだ。

〔参考資料〕
トイレに関する資料掲載サイト
❖UN Water
https://www.unwater.org/
UN Waterは、衛生状態を含むすべての淡水関連事項に関する国連の省庁間調整機構である。国連システムにおける調整の長い歴史に基づいて、UN Waterは2003年に国連システムの調整のための最高経営責任者委員会によって正式に制定された。これは、水の分野の横断的な性質に対処し、システム全体で調整されたアクションと一貫性を最大化するためのプラットフォームを提供している。
❖JMP
https://washdata.org/
JMP（Joint Monitoring programme）とは、WHO（世界保健機構）とユニセフ（国際連合児童基金）の水供給、手洗い、排泄物処理に関する共同監視プログラムである。1990年以降、飲料水、手洗い、排泄物処理の進捗状況について、国、地域、および世界の推定値を報告している。

世界のトイレ文化や習慣は、その地域の文化や環境・宗教などで大きく異なる。たとえば便器の形やお尻の拭き方は、地域により様々だ。では、なぜトイレがない場所があるのかといえば、トイレがあることの重要性が理解されておらず、インフラ整備に莫大《ばくだい》な費用や技術が必要なのに、貧困や自然環境が原因で対策がなかなか進んでいないからだ。

毎日、世界中の人が排出するし尿をきちんと処理しなければ、感染症が広がってしまうリスクがある。だからそろそろ本気で対策しなくてはならない。

②世界のトイレの使用状態を分類する５つの段階

国連の関連資料では、世界のトイレの実情を５段階で示している。

JMPが示した世界的な排泄環境の段階的状態

SERVICE LEVEL サービスレベル	本書で用いる日本語訳	定義
SAFELY MANAGED	安全に管理されたトイレ	他の世帯と共有されず、排泄物がその場で安全に処理される、または敷地外に運ばれて処理される改善された衛生施設（トイレ）(※)
BASIC	基本的なトイレ	他の世帯と共有していない、改善された衛生施設（トイレ）(※)
LIMITED	限定的なトイレ	２つ以上の世帯で共有して利用している、改善された衛生施設（トイレ）(※)
UNIMPROVED	改善されていないトイレ	床板や足場がない竪穴式便所、吊り下げ式便所、バケツ式便所など
OPEN DEFECATION	野外排泄	道ばたや野原、森林、茂み、開放水域、浜辺、その他の野外で排泄をすること

（※）「改善された衛生施設（トイレ）」とは、人間が排泄物と接触しないよう、衛生的に設計された衛生施設（トイレ）のこと。たとえば、下水あるいは浄化槽につながっている水洗トイレ（水を汲んで流す方式、換気式トイレを含む）、足場付きピットトイレ、コンポストトイレなど。

出典：WHO and UNICEF, Estimates on the use of water, sanitation and hygiene by country (2000-2020) より、白倉正子・戸田初音が作成

一番良い状態のレベルは「安全に管理されたトイレ」である。「他の世帯と共有されず、排泄《はいせつ》物がその場で安全に処理される、または敷地外に運ばれて処理される改善された衛生施設（トイレ）」と定義されている。

これは日本国内に住んでいる大半の私たちのように、排泄物を処理する環境が整っている状態で生活ができる人や地域を指している。日本の場合、明治時代から下水道の整備が始まり、各家庭にトイレを保持しているのが平均的である。し尿は水で下水管に流され、最終処理場に到達すると浄化され、川などに放流される。

下水道が設置できない地域では、「浄《じょう》

化槽《かそう》」が使用されていることが多い。浄化槽とは、地下に埋設するタイプの、大人の背の高さくらいほどの水処理装置で、家屋の庭や駐車場などの地中に埋められ、風呂・台所・洗面台から出てくる生活雑排水と一緒に、トイレからの汚水も流され、微生物（バクテリア）の力で処理されるシステムである。

それ以外に〝ぼっとんトイレ〟と呼ばれる、「汲《く》み取り型トイレ」もある。これは主に、便器の下部に汚物を溜《た》める便槽があり、バキュームカーと呼ばれる車が定期的に便槽からし尿を吸い取って、し尿処理場に運搬する。それ以前は、柄杓《ひしゃく》などですくい出し、肥料として畑に撒《ま》いて農業利用する方法が行われていた。

いずれにしても、トイレでプライベートが保たれ、し尿が敷地外で衛生的に処理されるトイレを保つことができる人たちは、このサービスレベルに位置づけられる。

第２番目のサービスレベルは「基本的なトイレ」である。

ここには「他の世帯と共有していない、改善された衛生施設（トイレ）」と定義されている。これは汚物の処理を野外などへ適正に運び出すことに特に触れていないので、日本で言うなら、ぼっとんトイレで、し尿の回収が少ない状態といえばイメージしやすいかもしれない。

それが各家庭にある状態を指している。

第３番目のサービスレベルは、「限定的なトイレ」である。

ここでは「２つ以上の世帯で共有して利用している、改善された衛生施設（トイレ）」と分類している。筆者の想像では、地域に公衆トイレがあり、住民が１日数回通うことを指すのではないかと予想する。各家庭でトイレを保つことは、狭い居住空間では難しく、またそもそもトイレがないのが当たり前だと思っている人々にとっては、徒歩数分程度の場所に、部落で数か所設置することがあるのではないか。地域によってはし尿を集中的に集めることを目的にこうしていたのかもしれないが、いずれにしてもこういうトイレも世界にはたくさんあるのだろう。

第４番目のサービスレベルは、「改善されていないトイレ」である。これには説明枠に「床板や足場がない竪穴《たてあな》式便所、吊《つ》り下げ式便所、バケツ式便所など」と書いてある。

これは土に穴を掘って、簡単な足場をつくって、しゃがんで用を足すトイレや、少し小高い建物をつくって、便槽を確保しているトイレ、川の上に足場を組んで、トイレをつくり、直接川にし尿を投下するタイプのトイレ、またはバケツのような容器に一時的に排泄物を溜め、それを運び出して中身をどこかに投棄するトイレなどを意味するものではないかと予想する。

自然環境の豊富な場所では、大がかりな排水工事などをせず、排泄物を土に埋めてしまうなど、自然に土壌処理などを行う方法もある。ただしこれでは、し尿からばい菌などが染み出し、周辺の土や水を汚染してしまう危険性があるので、井戸水がある地域では、５m以上の間隔を空けるように指示される。ただし雨季と乾季があるような地域では、雨水でし尿が流れ出てしまうので、不衛生になることはご想像いただけるだろう。

それから、貧困地域では「空飛ぶビニールトイレ」という手法のトイレもあった。それは家の中でビニール袋に用を足し、その袋を家の外に捨てる行為だ。あちこちにし尿の入ったビニール袋が散乱して、その上を足で踏んだりするので、不衛生極まりない。

第5番目のサービスレベルには「野外排泄」と書いてある。これは「道ばたや野原、森林、茂み、開放水域、浜辺、その他の野外で排泄をすること」と書いてある。日本で野外排泄（俗に「野糞《のぐそ》」と言われる行為）は、男性が急にやむなく立ち小便をするとか、キャンプ場や登山の時に、草むらなどで用を足す「緊急処置」を意味することが多い。しかしここでは、毎日野外で排泄をすることを意味している。人目につかない草むらなどでしゃがんで用を足すため、プライバシーの保護がなく、性被害のリスクを考えると、特に女性には負担が大きい。天候の悪い日は、相当苦労するだろう。

なお、インドの某地域では、線路の付近や河川敷が「トイレスポット」になっており、人々が平然と用を足し、し尿は放置されたままだった。し尿は自然に土と同化したり風で飛ばされたりするのかもしれないが、これらの状態をなんとか改善したいものである。

③世界のトイレの実情と地域別資料

次に先ほどの５段階を基準に、世界の具体的な状況を紹介しよう。

２０１５年~２０２０年の状態を示す資料「WHO/UNICEF JMP（2021），Progress on household drinking water, sanitation and hygiene 2000-2020: Five years into the SDGs」によると、「安全に管理されたトイレ」は２０１５年では47％で、５年後の２０２０年には54％になっている。「基本的なトイレ」は同様に26％→24％になり、「限定的なトイレ」は７％→７％、「改善されていないトイレ」は10％→８％、「野外排泄」は、10％→６％という状態で、５年間で顕著な変化が見られた。

これは大変喜ばしいことである。今までなかなか見向きがされなかった世界のトイレ環境が、たった数年間でここまで改善したのだから、これはＳＤＧｓの大きな成果だと言えるだろう。ただし２０３０年までに野外排泄を０％にする目標は、到達できないという残念な試算もすでに発表されている。しかしながら、この成果は単にトイレが良くなっただけでなく、

5つの分類のトイレの割合（2015~2020年）

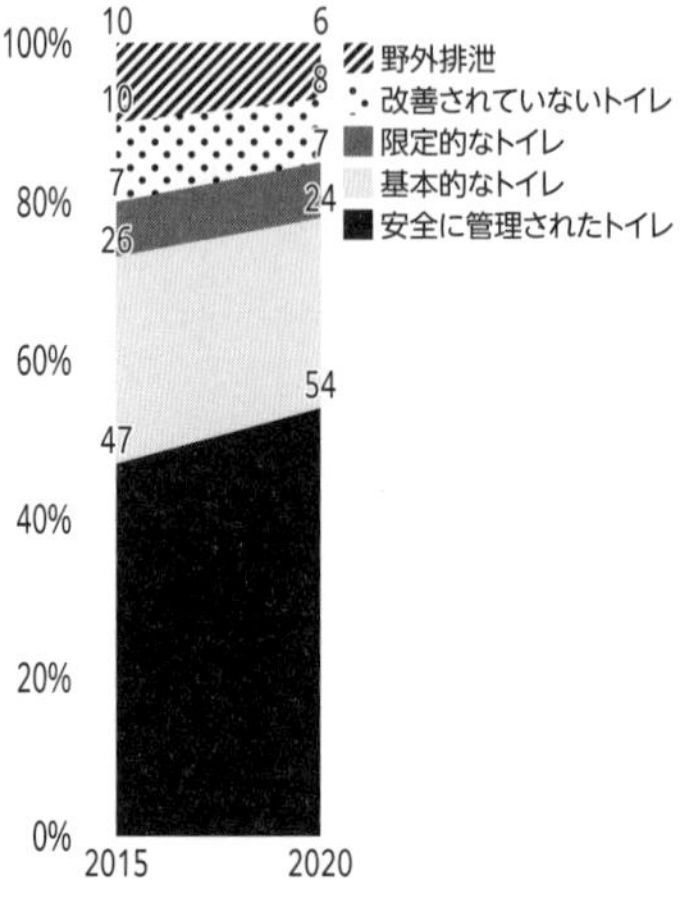

出典：WHO/UNICEF JMP (2021), Progress on household drinking water, sanitation and hygiene 2000-2020: Five years into the SDGs

人々の生活が衛生的になることを通じて、死亡者数が減るなど、他への影響も増えるから、加速することを願うばかりである。

なお、この数値は、年度ごとに改善されて変化している。よってもし最新情報を入手したい場合には、本節冒頭に書いた参考資料の中のＵＲＬから、自身で情報を得て欲しい。

次に地域別の状況をグラフで紹介したい。

ヨーロッパ・北米地域が最も「安全に管理されたトイレ」が高くて78％である。それに対し、中央アジア・南アジア・アフリカ地域が、「野外排泄」が最も多いことはわかる。ちなみに日本は、左から

地域別のトイレ普及率（2015年）

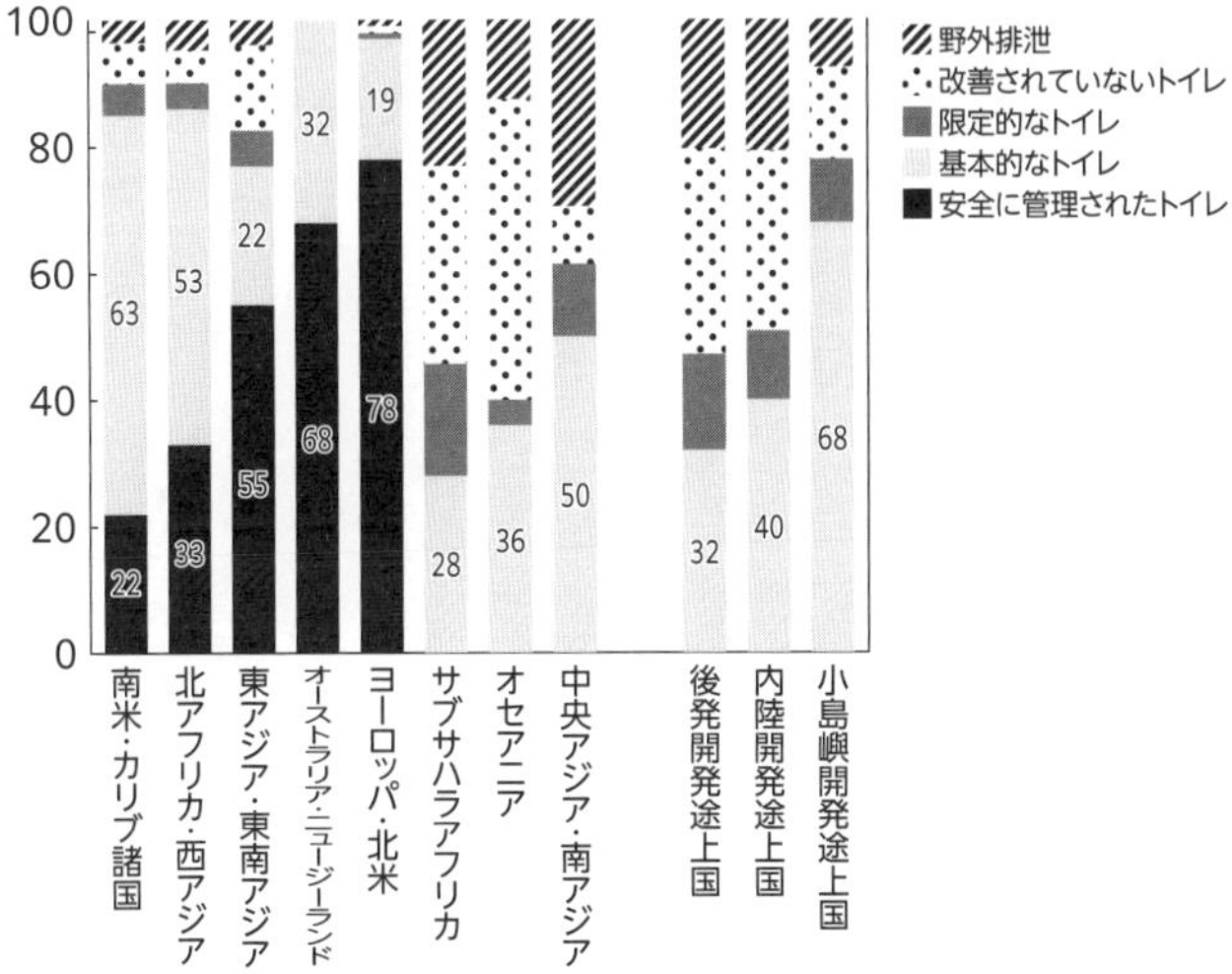

出典：「Sustainable Development Goal 6 Synthesis Report on Water and Sanitation」p.45

図1　国全体で少なくとも基本的な衛生サービスを利用している人口の割合（2015年）

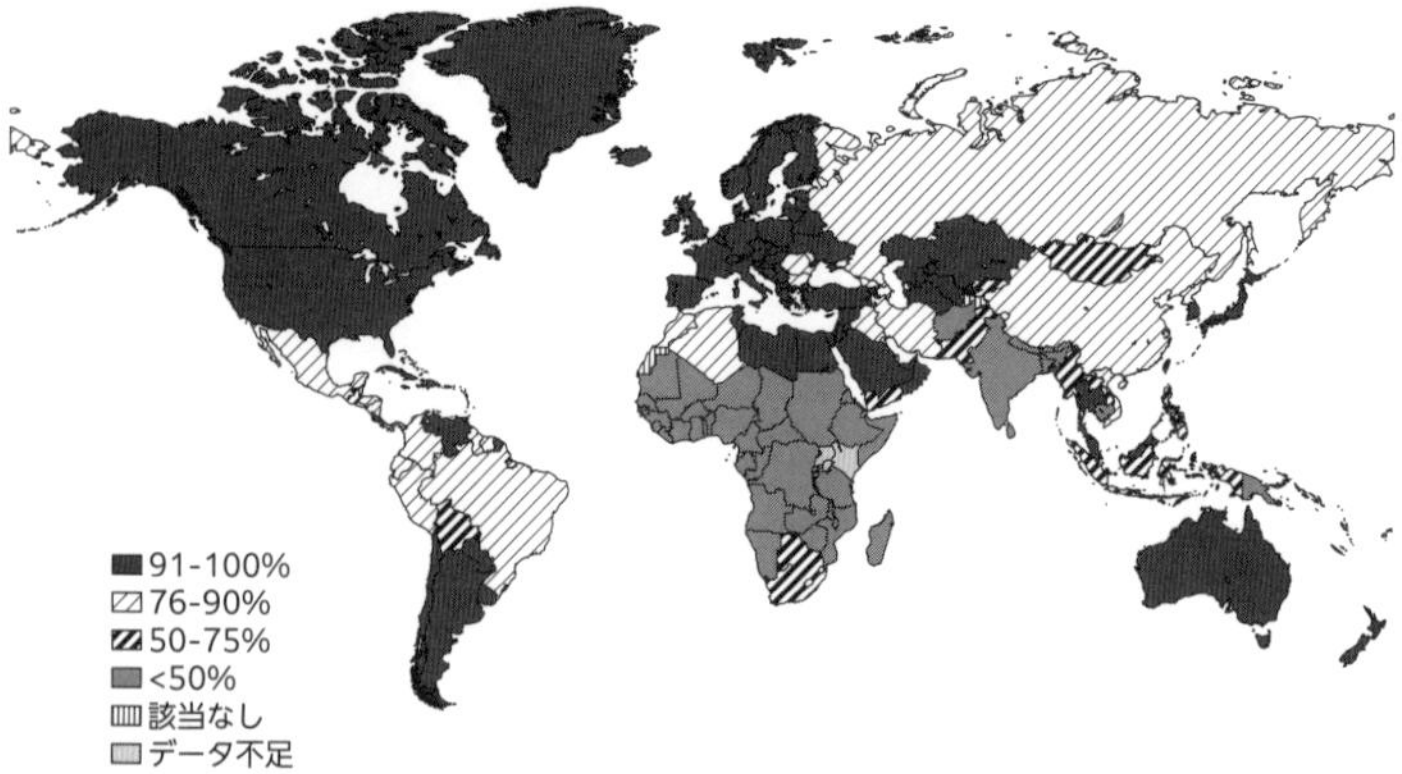

出典：「Sustainable Development Goal 6 Synthesis Report on Water and Sanitation」p.46

図2　国全体で安全に管理されたトイレ（衛生サービス）を利用している人口の割合（2015年）

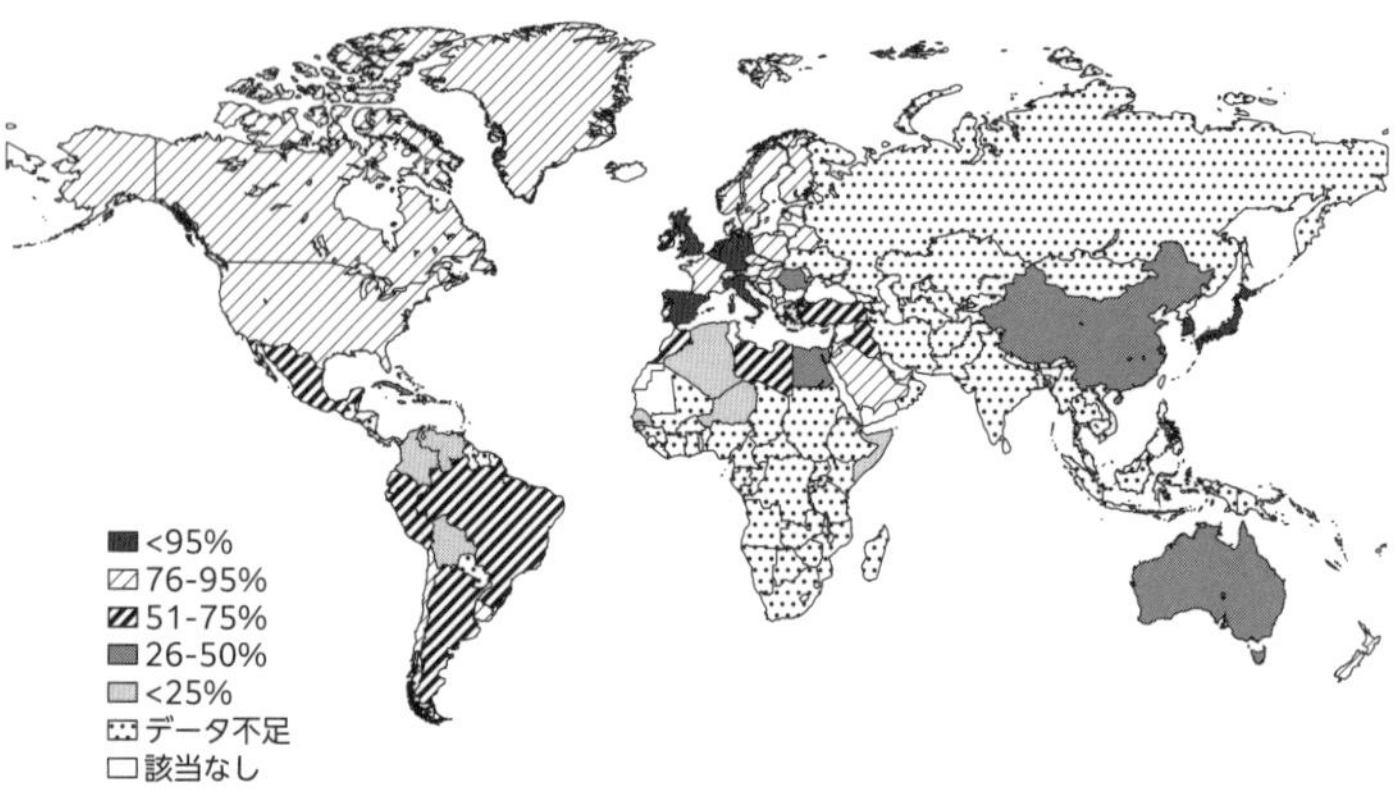

出典：「Sustainable Development Goal 6 Synthesis Report on Water and Sanitation」p.46

３番目の「東アジア・東南アジア」の中に含まれ「安全に管理されたトイレ」が55％だそうだ。

それからグラフの右側には、３つに分類された地域状況別に書かれており、後発開発途上国がやはりトイレの状況も劣悪だとわかった。

図１と図２は、２０１５年時点のトイレの状態を世界地図で示したものだ。

図１によると、「少なくとも基本的なトイレ（衛生サービス）を利用している人口は、２０１５年までに１５４か国（全世界の75％）になった」そうだ。

図２は同じく５段階の最上位の「安全に管理されたトイレ」の39％の普及状態を示している。これを見ると、その環境を国内で95％以上保持している国は本当に少ない。日本はその一つであるが、世界的に見るととても珍しく、恵まれていることが再確認できた。同時に世界のトイレの状態は、理想からほど遠いと言わざるをえない。

(2)――トイレがないことのリスク

①トイレがないことや、野外排泄の被害とは？

まず世界の中で、安全で衛生的なトイレを利用できない人の数は、23億人もいるそうだ（前掲グラフ「世界のトイレ普及率（2015年）」で「野外排泄」から「限定的なトイレ」までの32％に該当）。

しかもそのうち日常的に野外で排泄している人が、約5億人もいる。そして下痢症疾患で命を落とす5歳未満の子どもが、1日800名（2000〜2017年時点）もいるというのだ。(注1)

未来ある子どもたちが、トイレが原因で大量に死んでしまうことは、大きな損失である。

（株）LIXILがオックスフォードエコノミクスという組織と共同で実施した調査によると、衛生的なトイレの設備の不備による経済損失は、2015年時点で、なんと推定22兆円とわかったそうだ。

ある報道によると、草むらに行った男性が排泄中に毒蛇に足を嚙《か》まれてしまい、死亡した事例があった。もっと安全な場所で塀で囲うなどの配慮があれば…と悔やまれる。

なお人目を避けて排泄できる場所を求めて遠出をすることも珍しくなく、移動時間が30分以上もかかってしまい、日常生活での時間的損失も多いそうだ。家屋のそばにトイレがあれば、数分程度で用が終わり、すぐに労働に戻れるはずだがそうはいかない。そのため水や食事の摂取量を制限することもあるそうだ。特に女性の場合は性犯罪のリスクを避けるため、夜まで我慢をする人も多い。トイレが身近にない影響は計り知れない。

トイレは「汚くて当たり前」とあきらめられており、意識することが少ないので、大損失だと気がつきにくい。逆を言えば、トイレの整備で22兆円の経済効果が得られることを意味する。そうなれば人々の生活は豊かになるだろう。

②水の不潔さと、し尿処理が適切に行われないことによるリスク

安全な飲料水と適切な衛生設備は、健康を守るための基本でありＳＤＧｓの目標３「すべての人に健康と福祉を」の達成にも直接貢献する。汚染された水を飲んだり、トイレが不備だったり、手洗いをする環境がないと、ひどい下痢に悩まされるからだ。

世界の５歳未満の子どもの死因の第2位は「下痢症疾患」が主な原因で、毎年52万５０００人（２０１７年時点）が死亡している。(注２)

たとえば、「コレラ」（急性下痢症）は、不衛生な水や食べ物を口から体内に投入することで発症する。米のとぎ汁のような濁った下痢便をし、１日に10ℓ以上も排出するそうだ。また指先にしわが寄ったり、眼が落ち込み頬がくぼむという症状が出たりして、脱水症状となり、栄養失調になる。放置すると数時間以内に死亡する可能性がある怖い病気だ。

しかもその下痢便をきちんと処理せずに、それに汚染された水を飲む人がおり、また感染者が出て…と繰り返し、魔の連鎖が起きる。現在も40か国で発症しており、世界で年間２９０万人の感染者と９５００人の死亡者が出ていると推定されているので侮れない。

そもそも糞便には、たくさんのウィルスや細菌（バクテリア）・寄生虫卵などが含まれている。

だから病院をつくったり、医師を育てて派遣したりすることも大事だが、その前にトイレ環境を整備するほうが、はるかに根源的な問題解決になると言えよう。しかし行政や企業の意識は低く、なかなか進んでいないようだ。

③トイレ環境の不備による女性や女児のリスク

トイレの問題の中で、深刻なのは、特に女性である。

女性の場合、男性とは違い、小（排尿）をするときにも、大（大便）をする時にも、下半身の衣服を外すため、無防備になるからだ。プライバシーの確保をするパーティション（壁）やドアと、鍵が絶対必要となる。しかしその設備が不備で、不安な状態で用を足さなければならないことが多い。生活圏内にトイレがない場合には、徒歩30分も歩いて人目のない場所まで移動することになる。排泄中の見張り役を伴うため複数名で行くことが多く、また人目につきにくいように夜間まで我慢して行くことも多い。しかし道中に男性が待ち構えていて、性暴力を受けてしまうことが頻繁に起こっている。

２０１２年に、インド北部で少女２人がトイレに行った際に、複数名の男性に連れ去られ、集団レイプをされた挙句に殺害され、遺体が木に首つり状態で発見されたことがあった。それを問題視したインド政府は、野外排泄の撲滅を目指し、公衆トイレの整備を訴えている。

しかしまだ安全な環境になったと言いきれない。

それから女性は、10代~50代に毎月、月経（生理とも呼ぶ）を迎える。女性が出産をするために起こる生理現象であり、陰部から無意識に出てくる経血を、下着の内部に清潔な脱脂綿（日本では「生理用ナプキン」と呼ぶ）を当てて受け止めることが一般的である。

しかしインドでは、そうした生理用品は高価で手に入りにくく、古い布を何度も洗って繰り返し使うそうだ。そのために陰部からばい菌が入ってしまい、病気になってしまうこともある。インドでは、宗教的に経血が「穢《けが》れ」を意味するために、月経中の女性は家に入って家族と共に生活をすることが許されず、ベランダなどの野外で時期を過ごす。そのため学校に行けず、教育が遅れたり、仕事ができずに収入が減ったりして、貧困状態が解消されないのだ。しかも肝心の学校のトイレは、もともと数が少ないため、時間的余裕をもって用を足すことは難しい。

そもそも女性は、水汲みの役割を担うことが多い。桶《おけ》やタンクなどの容器をもって、日中の大半の時間を遠くの水場に行き、自分の体重より重い水を運ぶ。しかもその水は不衛生であることが多い。そのために学校に行けず、教育を受けられない。さらに児童婚（幼いのに結婚を余儀なくされる状態）をさせられることもある。その結果、女性は社会的地位が上がらず、男性より立場の低い存在であり続け、家庭に縛られることになってしまうのだ。

清潔な水と、それを入手しやすくする水道やポンプの設置、また安全で短時間に行き来できるトイレ環境があることは、女性蔑視や貧困を根絶できる一助になるのだ。

(3)――トイレ革命に取り組む2つの国

①インドの場合

インドでは、2014年10月2日のガンジーの誕生日を祝う日に、ナレンドラ・モディ首相が「スワッチ・バーラト」を宣言した。これは「クリーン・インディア」（インドをきれいにしよう）という意味で、具体的には「トイレの設置を推進すること」を呼び掛けていた。野外排泄の割合が2011年の時点で53・1%だったインドは、世界の野外排泄人口の約6割を占めており、衛生的だとは言いがたい国だった。井戸や水源の近くで用を足すことを繰り返した結果、水が汚染され、下痢で死んでいる子どもが年間12万人にもなっているなど、事態は深刻だった。そして5年後の2019年10月2日（ガンジーの生誕150周年の記念日）に、1億100

インドの公衆トイレに貼ってあるトイレ改革運動を促すポスター。左下には管理者名が記入（2022年3月、デリー在住者撮影）

0万以上のトイレを建設したことを宣言した。ただしそれがきちんと使われていないという批判ももう一方であり、問題の根深さを思い知らされる。

なぜトイレがないかについては、一言では説明しきれないが、代表的な理由の一つに「汚物は穢《けが》れの存在で、それを家の中に置くことは不幸である」という宗教的な考えがあるそうだ。もしトイレをつくっても、そこに溜まるし尿を除去するわけだが、「穢れに触れること」は悪いことであり、そういう仕事は身分制度（カースト制度）の最下位の「ダリット」がすればいいという考えが定着しているそうだ。

地域性・伝統・宗教の教えなど、トイレ改善が容易に進まない現実はあるが、トイレができたことで女性や子どもが救われているよい面もあるので、時間をかけて変わっていくことを願うばかりだ。

②中国の場合

中国では、２０１５年に習近平国家主席が「トイレ革命」を宣言した。

中国のトイレといえば、壁やドアがない・溝しかないなど、その形状に驚き、外国人からの評判は特に悪かった。また清掃も行き届かず、悪臭がひどいなど、衛生面も問題が指摘されている。また地方都市の公衆トイレは露天にレンガを積み上げて壁をつくり、地面に穴を掘って板を渡しただけのものも多い。農村部に至っては、「ぼっとんトイレ」がほとんどだ。そこで国家観光局に指示をし、観光都市に2017年10月までに6万8000か所のトイレを改修・新設したそうだ。引き続き、清掃技術の向上や、バリアフリー化、し尿処理の整備などが向上することを期待したい。

いずれにしても、国家のトップが本気になって始めた行動を、今後も応援したい。

（白倉正子）

（注1）　https://data.unicef.org/resources/progress-drinking-water-sanitation-hygiene-2019/
（注2）　https://www.who.int/en/news-room/fact-sheets/detail/diarrhoeal-disease

〈主な参考文献・資料〉

■ニューインターナショナルリスト・ジャパン編集部『途上国のトイレ事情――トイレがない26億人の人々　ニューインターナショナルリスト・ジャパンNO.102』インティリンクス、2008年
■佐藤大介『13億人のトイレ――下から見た経済大国インド』角川新書、2020年
■広瀬公巳「1億個のトイレ設置大作戦！なぜ、インド政府の最優先課題が「トイレ」だったのか？――『インドが変える世界地図　モディの衝撃』トイレ革命」https://bunshun.jp/articles/-/14831
■黄文雄「習近平が主導する「トイレ革命」に世界が絶望するこれだけの理由」https://www.mag2.com/p/news/335505

2　日本から世界へ──国際社会の取り組みと日本の国際協力

(1)　国際社会、国連の取り組み

①優先度が低かったトイレ

トイレに関する国際協力が世界の各地で行われるようになったのは、1960年代以降のことである。しかし当時は、衛生的な環境を整える、という環境衛生分野の中で、特に下水道整備のごく一部分のパーツとしてトイレ整備が含まれるという程度であった。その後、特に1980年代以降、教育、保健・医療、都市開発などの各分野の国際協力の拡大にともなって、学校や病院などを建設する際に、衛生的なトイレを含める試みが次第に一般化し定着していった。とりわけ、小学校において女子児童が安全に使用できるトイレのニーズは大きかった。急速に拡充された安全な飲み水を確保するための事業において、井戸（特に浅井戸）その他の上水施設とトイレの場所を離すことが重要であると認識されるようになった。また、1990年代になって急増した難民や国内避難民を収容する施設においても、感染症の蔓延《まんえん》

や女性に対する暴力などを未然に防ぐように衛生的で安全なトイレを整備する必要があった。これらのプロセスを経て、開発途上国政府や国際協力の関係者が「気づき」を得て、次第にトイレに対する関心が高まっていった。

　しかし、様々な分野にわたる国際協力の中で、トイレの優先度は決して高くなかった。

「飲み水がなければ、数日で死んでしまう。あるいは、不衛生な水によって、下痢や感染症に襲われ、著しく健康を害してしまう。しかし、トイレがなくても人はすぐに命を失うことはない」あるいは、「世界中の多くの途上国で、安全な水を得ることが難しい人々がたくさんいる。その水を得るために、子どもたちや女性が、毎日、長時間の危険な水汲《く》みを強いられている。トイレはもちろん大切だが、まずは、飲み水を確保するために、国際協力のための限られた予算や人員を優先的に投入すべきではないか」などという議論が、少なくとも、前世紀末くらいまでは優勢であった。

　当時、筆者が接した国連機関や多国間開発金融機関、あるいは、他国の開発援助機関の数多くの関係者の中でも、また日本国内においても、このような意見が少なくなかった。実は

避難民キャンプ内のテント型トイレの前に立つスーダンのこども
写真提供：ユニセフ（UNICEF/UN146103/Claston）

この頃、先進国でもトイレが十分に整備されていたわけではなかった。日本でも、トイレを含む下水道設備全般の整備が、主要都市においてさえ大きな課題として残されていた。そして、半世紀を経て、先進国でこれらの設備の整備が進んだことによって、開発途上国におけるトイレの問題にも次第により多くの注目が集まるようになってきた。

②市民が動かした国連

「トイレは飲み水より後回し」という趨勢《すうせい》に対して、変化がみられるようになったのは今世紀に入ってからのことである。2001年に策定された「ミレニアム開発目標（MDGs）」では「水と衛生に関する目標」（目標7）が掲げられ、2015年までに安全な飲料水の確保とともに、基礎的な衛生施設を継続的に利用できない人々の数を半減することを目指すことになった。そのような動きと連動し、2001年に、市民社会主導で「世界トイレ機構（WTO）」（87頁参照）が設立された。WTOをはじめとする市民社会の活動はやがて着実に世界に広がっていった。水と衛生に関する目標のうち、安全な飲み水に関する目標は、2010年に達成された。一方で、基礎的な衛生施設、つまりトイレに関する目標は、同年の時点ですでに達成困難であるという見通しであることが明らかになった。その際、国連では、トイレへのアクセスは基本的人権のひとつであるという認識が示された。そして、国際世論の盛り上がりを受けて、２０１３年7月24日の国連総会で「世界トイレの日」が定められた（26頁参照）。トイレを利用できない人々の割合を半減するというＭＤＧｓで定められた目標は、結果的に達成できず、46％（１９９０年）を32％（２０１５年）に削減することに留まった。

そして、ＳＤＧｓが採択された２０１５年が、トイレにとっても大きな転換点となった。同年に国連総会で採択された「我々の世界を変革する：持続可能な開発のための２０３０年アジェンダ」（略称２０３０アジェンダ）を改めてみてみよう。この文書では、「極端な貧困を含む、あらゆる形態と側面の貧困を撲滅することが最大の地球規模の課題であり、持続可能な開発のための不可欠な必要条件である」と明記されている。ＭＤＧｓに関する議論をさらに発展させたＳＤＧｓの目標6は、そのような認識を踏まえたうえで定められた。安全で衛生的なトイレを整備するということは、貧困撲滅のための総合的な取り組みのひとつであり、トイレ問題の解決なしに、貧困問題の解決はありえない、という認識がそこにある。安全で衛生的なトイレがないために貧しい人々の間で生じている危険や病気のリスクに対して、トイレを整備し、これらの問題を解決していくことが、貧困撲滅につながる、という人々の声が国際開発の大きな枠組みにおいても取り入れられたのである。

これによって、それまで漠然と使われていた「トイレ」という概念が、「安全に管理された衛生施設」としてより厳密に定義された。そこでは、排泄《はいせつ》物が他と接触しないように分けられているかどうか、排泄物が衛生的に処理されているかどうか、他の世帯と共有されているかどうか、などの基準によって人々が利用している施設が明確に区別された。そのうえで、①安全に管理された衛生施設、②基本的な衛生施設、③限定的な衛生施設、④改善されていない衛生施設、⑤野外排泄といった分類が設けられ、世界のすべての人々が、衛生的なトイレ、つまり、①～③のいずれかの施設を使うことができるようになることが国際社会共通の目標となった。

③国際機関の取り組み

国連の重要な役割のひとつは、それぞれの開発課題について、貧しい国、豊かな国を問わず世界の国々の状況を把握し、世界中の人々が問題意識を共有し、課題に対して意識を高めるようにしむけていくことであるが、トイレに関しては、国際連合児童基金（United Nations International Children's Emergency Fund：ＵＮＩＣＥＦ。以下、ユニセフ）と世界保健機関（World Health Organization：ＷＨＯ）をはじめ、国連開発計画、国連人間居住計画、国連国際防災戦略事務局、国連環境計画、国連難民高等弁務官事務所などの国連機関や、世界銀行、アジア開発銀行などの多国間開発金融機関など、多くの国際機関が様々な形で関わっている。たとえば、ＷＨＯは保健医療の専門的視点から、トイレ整備の必要性を訴えてきた。世界銀行やアジア銀行などの多国間開発金融機関は、大規模な資金動員力を駆使して、上下水道施設、井戸、排水施設、廃棄物処理施設などの整備とコミュニティの能力強化に取り組んでいるが、トイレの整備もその一環として積極的に推進してきている。

そのような様々な機関の活動の中にあって、ユニセフは、開発途上国の各地のコミュニティに深く入り込み、地元のＮＧＯなどと連携しながら、人々の啓発やコミュニティの能力強化を通じて、衛生環境の改善に努めている。ユニセフは、「保健（ＨＩＶ／エイズを含む）」「栄養」「教育」「子どもの保護」「インクルージョン（誰一人取り残さない、ということ。障害のある子どもの支援や差別・偏見の解消を含む）」「緊急支援・人道支援」「ジェンダーの平等」などに加えて、「水と衛生」を主な活動分野として挙げており、その中で、さらに、①安全な水、②衛生的な環境（トイレ）、および③衛生的な習慣（手洗い）の３つを掲げている。

ユニセフによれば、安全に管理された衛生施設（トイレ）を利用できる世界人口は、２０００年から２０２０年までの間に、28％から54％まで増加しているが、未だ36億の人々、つまり、およそ世界の２人に１人近くがまだその恩恵を受けていない。このうち、およそ5億人は野外で用を足している。ユニセフは、世界各地の農村部や自然災害の被災地、難民キャンプなどで、人々が衛生的な生活を送れるようにトイレを設置し、あるいは、女の子が学校を続けられるように校内に女子トイレをつくる活動などを世界の各地で展開している。またユニセフは、これらの多岐にわたる活動を世界の各地で展開するに際し、各地のNGOや市民団体はもちろんのこと、日本のLIXILを含む民間企業や、JICA（独立行政法人国際協力機構）などとも積極的に連携している。

いうまでもないことだが、トイレ整備に関しても、世界中のどこでもそのまま通じるような方策などはない。それぞれの国や土地の多様な状況に合わせて工夫を凝らし、しかも、土地土地の人々の力を最大限に引き出すことが求められている。ユニセフやその他の開発関係機関による事業は、それぞれの国の政府と協働するとともに、各地の人々が置かれた状況の多様性や制約要因を踏まえ、人々に寄り添い、人々と対話しながら進められる。そして、何よりも持続可能性を確保するという観点から、人々が主体的に取り組むことを支援することを通じて、トイレをめぐる問題の解決への貢献を試みている。

その実例を見てみよう。

④ナイジェリアの村の衛生環境を激変させた工夫

「トイレに蓋をしてから、ハエが顔のまわりに飛んだり、食べ物に止まったりすることがなくなったんです。子どもたちを病院に連れていくことも減り、医療費が減りました。」

ナイジェリアのオイルップ村で1歳7か月の娘とともに暮らすングシールさんは語る。実はこの蓋は木製で、同じ村で大工を営むマーティンさんの発明だ。

この活動は、ユニセフとナイジェリア政府がイギリス政府の支援を得て行った「ナイジェリアにおける水と衛生プログラム」の一環である。住民たちはまず正しい衛生習慣によって自分たちの暮らしにどんな良いことがあるか、を学ぶ。そのうえで、衛生環境を改善するために、「自分たちで」できることを、ユニセフやナイジェリア政府の専門家の支援を得て模索していく。もともと、木の蓋は、「トイレの中の熱気が嫌でトイレを使いたくない」という村の女性たちの意見を踏まえて解決策が模索されたときに出てきたアイディアであるが、今はこの村で浸透し、衛生環境の改善に貢献している。

優れもののトイレ蓋を掃除するングシールさん
写真提供：ユニセフ（UNICEF/UNI145739/Esiebo）

⑤ソマリア人が目指す野外排泄ゼロ

混乱が続くソマリアでは、国際協力関係者の命と安全を守るための安全対策上の制約が厳しく、ＪＩＣＡを含む多くの開発関係機関が現地での本格的な活動を展開できずにいる。しかしユニセフは、ソマリアでも現地のＮＧＯと協力し、「コミュニティ主導の包括的な衛生アプローチ」を展開している。

「トイレ建設には80米ドルの費用がかかり、建設作業も大変でした。でも、まったく気になりませんでした。排泄のために夜中の暗闇を歩くのはもう嫌でした。」

ソマリアのガビレイ州に住むサアドさんは語る。この国では、4割近くの人たちが野外排泄を行っている。ユニセフは、2012年から5年間で、サアドさんの住む村を含め、ソマリア各地の39の村で野外排泄ゼロを達成することに貢献した。同じく野外排泄ゼロを達成した村に住むユスールさんによれば、その村では、新しく村人になるためには、初めに穴を掘ってトイレをつくるように勧め、それを村の住民になるための条件としているという。

新しく建設されたトイレの脇に立つサアドさんと子どもたち
写真提供：ユニセフ

⑥世界各地で持続的な変化を促す国連・国際機関

ナイジェリアやソマリアの事例にみられるとおり、ユニセフが行う協力は、人々の啓発や技術支援に重点を置いているものが多い。人々の暮らしを改善し、それを持続的に維持していく原動力は、そこに住む人々自らの意識と活動である。国際社会からの支援は、そのような持続的な活動のきっかけをつくることであり、「人々の心に火をつける」ことである。ただし、小さな火は、そのままでは消えてしまうことも多いので、火が燃え盛るまでそれを見守り、後々まで自立的に持続していくように育てていく必要がある。

また、世界銀行のように、開発途上国各国の政府と密接に連携して、衛生状況の改善のために大規模なインフラ整備を推進することも重要である。コミュニティにおける人々の力と各国政府の力が相まって、かつ、それらが持続することによって、人々の衛生環境が着実に改善していく。

世界人口の半数近くが、安全で衛生的なトイレを獲得するには、道のりはまだまだ遠い。しかし、ユニセフや世界銀行に代表されるような国際機関や各国の開発援助機関、民間企業やNGO、そして現地の人たちの思いが適切にかみ合うことによって世界中で着実に変化が起きている。その中で、国際機関の役割は引き続き大変重要である。国際機関は、世界の各国、各地で持続的な変化を引き起こす触媒として働くとともに、世界各国、各地の状況を見渡し、トイレをめぐる様々な課題について世界中に警鐘を鳴らし続けるという役割をこれからも果たしていくことが強く期待されている。

(2)――日本の国際協力

①多様なトイレ協力

水と衛生の分野は、主にＪＩＣＡを通じた日本の国際協力において、長年、日本の強みを発揮してきた分野であった。この分野の支援の大部分は、上下水道などのインフラ整備や、整備されたインフラを維持管理するための人財の育成などであった。下水道インフラの一環としてのトイレの整備は、基本的には、開発途上国の自助努力による負担事項であり、基幹インフラに重点を置いて日本が行う支援事業の中に組み入れられることはあまり多くはなかった。しかし、前述のように、国際社会が次第にトイレの重要性について関心を深めるにつれて、特に今世紀に入ってから、トイレに焦点を当てた支援も併せて行われるようになった。

日本のトイレ整備に関する協力は多岐にわたるが、そのアプローチや対象などから、おおざっぱに分けると次のようなものが挙げられる。

第1に、伝統的なアプローチ、つまり、下水道インフラ整備の一環としてのトイレ整備である。たとえばネパールでは、キャンディ市の環境衛生改善のためのインフラ整備の支援において、同市貧困居住区におけるトイレの整備がプロジェクトに含まれている。インドに対する支援では、環境衛生の改善とともに野外排泄を撲滅するという同国政府の方針を踏まえ、下水道インフラ整備に関する協力を行う際に、公衆トイレの整備を含めることが多い。前述のとおり、このようなタイプの協力が、日本によるトイレ協力のさきがけとなった。

第2に、下水道分野に限定されない、より総合的な取り組みの一環としてのトイレ整備である。カンボジア、ラオス、セネガルなどに対する小中学校の建設に関する協力では、衛生的なトイレの整備を協力のコンポーネントとして含めている。ブルキナファソやマダガスカルなどアフリカで展開している基礎教育に関する支援「みんなの学校プロジェクト」では、政府と学校と住民の三者で学校運営委員会を組織することを支援しているが、同委員会の活動の一環としてトイレの整備が含まれることが多い。日本はこれに対して直接的に支援しているわけではないが、そのような持続的な動きを支援するきっかけや仕組みをつくることに貢献している。ザンビアの小児保健に関するプロジェクトでは、基礎的な保健医療サービスの向上を目的として様々な保健医療分野の活動を行いつつ、水因性疾患から子どもを守るために、都市貧困地帯における簡易トイレの設置を活動に含めた。ベトナムやモザンビークの農村地帯における水供給の支援では、飲み水のための水源開発や水供給施設の整備などに加えて、トイレに関する協力も行っている。そしてこれらの場合、ほぼ例外なく、単にハードの施設整備にとどまらず、人々の環境衛生に関する意識の向上を目指した教育、啓発活動や、施設が持続的に利活用されていくためのコミュニティや行政における仕組みづくりに対する支援が、重要なコンポーネントとして含まれている。

第3に、特に、近年になって活発に行われているのは、民間の企業やNGOなどと協働し、彼らの革新的なアイディアやノウハウを活かしたトイレの整備である。民間の企業などによるトイレ整備の事業は、本書でも随所で紹介しているとおり、今や世界の各地において多種多様な形で展開されているが、日本の国際協力、とりわけ、JICAを通じた事業においても、これらの民間のアイディアを活かした協力が急速に増加してきている。たとえば、トイレに関する素晴らしいアイディアやノウハウを有している民間の企業は近年増えてきているが、必ずしも海外展開に慣れていない企業の場合、彼らが単独で開発途上国での事業を展開するには多くの課題や困難が伴う。特に、開発途上国においては、リスクが大きい場合が多い。これに対して、世界各地の開発途上国で長年様々な事業を展開し、開発途上国の人々や政府と信頼関係を構築してきたJICAが伴走することで、これらのリスクが大きく軽減される。さらに、試験的な事業をステップとして、望ましい結果が出たならば、それらをさらにスケールアップしてその国で全国に広め、あるいは、他の国にも広めていくという大きな可能性が出てくる。

これらの多様なアプローチの中から、最近の民間連携の事例を紹介しておこう。

②カメルーンのバイオトイレ

２０２０年11月、カメルーンのヤウンデ市役所とヤウンデ第一大学に、バイオトイレが８台ずつ設置された。微生物の力で排泄物を分解する仕組みで、水で洗い流したり汲《く》み取ったりする必要がなく、臭いもほとんどでない。大分県のベンチャー企業「TMT Japan」が、ＪＩＣＡによる中小企業海外展開支援の枠組みを活用して取り組んでいる。

バイオトイレは、特に女子学生たちの間で好評だ。不衛生で危険なトイレは女子学生にとって悩みの種であった。これまでは、女子学生たちは用を足しに家に帰るしかなかった。しかし、今は勉強や研究に集中できるという。このプロジェクトを推進している横山さんは、「将来的に近隣国にも活動を広げていきたい」と語る。

このトイレ効果は、トイレ以外の課題への取り組みにも広がる。横山さんが代表を務める「大分―カメルーン共和国友好協会」は、カメルーン視察ツアーを実施し、参加した大分県の企業家たちは大きな刺激を受けた。「自分も何かできることはないか」。大分で自転車リサイクルに関わっている企業家は、カメルーンの放置自転車解消のために発想を巡らせはじめ

ヤウンデ第一大学に設置されたバイオトイレ
写真提供：JICA

た。小さなプロジェクトをきっかけに、トイレを通じて日本と世界がつながりはじめている。

③インドの環境配慮《はいりょ》型トイレ

インドでは、トイレは不浄で遠ざけるべきもの、という考え方が未だに根強く、野外排泄人口が世界で最も多い。野外排泄は、女性を危険に晒《さら》すことに加え、地域の環境を汚染する大きな原因にもなっている。日本は、インド政府からの要請を受けて、JICAを通じ、ガンジス川流域にすでに1000基以上の公衆トイレを設置するなどの協力を続けている。しかし、単に設置すれば問題が解決するわけではなく、それぞれの地域で工夫を凝らして維持管理が行われている。そんな中で注目されているのが、鳥取県の「大成工業」が提案している環境配慮型トイレだ。これは、日本古来の「肥だめ」を活用する

「環境配慮型トイレ」の仕組み

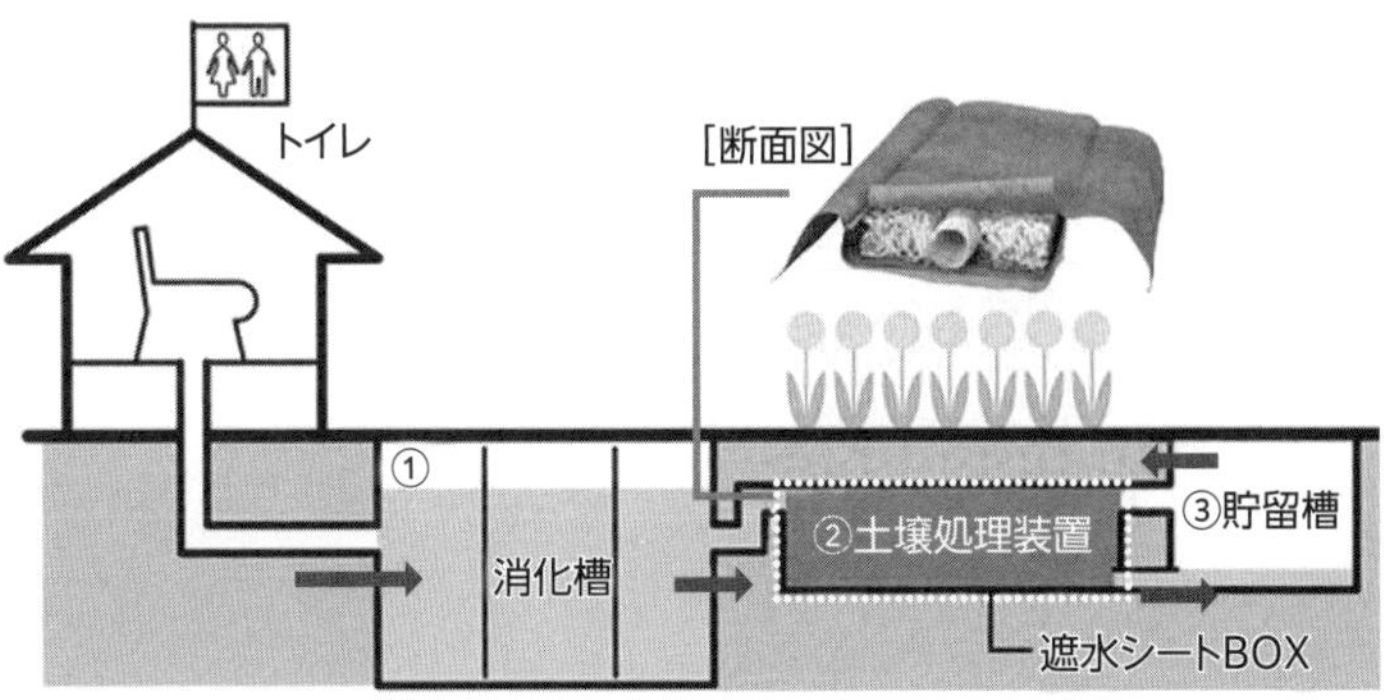

図版提供：JICA

農業設備を応用したもので、土壌の濾過《ろか》機能や微生物の働きによって汚水を浄化するものだ。大成工業が埼玉県の秋ヶ瀬公園に設置したこのトイレは、稼働に電気は必要なく、17〜18年もの間、汲み取り作業を必要とせず機能した。インドのムザファルナガル市の大学では、日本の支援によりこのシステムで生活排水全般を処理する計画が進んでいる。現地のＮＧＯを使った維持管理や、他方で、学生寮の学生たちの衛生教育も同時並行して進めている。

④トイレの未来と日本――人間の安全保障を実現するために

日本の国際協力の主翼を担うＪＩＣＡは、トイレ協力に関しても積極的だ。ＪＩＣＡは、ユニセフなどの国際機関やＬＩＸＩＬなどの国内外の大手民間企業はもちろんのこと、前述の事例のように、小規模のベンチャー企業、自治体、大学、ＮＧＯほか市民団体など多様なアクターとの連携をさらに深めていく方針である。

では今後、トイレに関する日本の様々な協力はどのように意義づけされ、さらにどのように発展していくのであろうか。

まず、何よりも重要であるのは、数多くある国際社会の課題の中でトイレに関する協力がもつ意義の再確認である。日本が国際協力の理念として掲げる「人間の安全保障」がトイレの意義づけにも重要な役割を果たす。「人間の安全保障」という概念は、１９９０年代から、国連機関その他国際社会でも注目を浴び、1994年には、国連開発計画による人間開発報告書によって世界中に広く知られるようになったものである。日本は、この概念の生成と発展に大きく寄与し、特に1990年代後半のアジアの金融危機以来、「人間の安全保障」を国際協力を含む日本の対外政策の中心理念として掲げてきた。人間の安全保障委員会によって2003年に発表された報告書では、ノーベル経済学賞受賞者のアマルティア・センとともに、緒方貞子（元国連難民高等弁務官であり元JICA理事長）が同委員会の共同議長として主導的な役割を果たした。

「人間の安全保障」とは、世界中の人々一人ひとりが、武力紛争の恐怖や貧困などから免れ、その命を全うし、尊厳をもった暮らしを送ることができることを確保すべきであるという理念である。これは単に、人々は衣食住最低限のことが満たされればそれでよく、あとは各国あるいは個々人が自助努力をすればよい、という考え方とは大きく異なる。安全で衛生的なトイレというものは、人の「尊厳」の根幹に関わるものであり、誰一人取り残さず、このようなトイレを利用することができるような世界にするということは、世界のすべての人々が人としての尊厳を保つことができるという人間の安全保障の理念を体現する不可欠な要素である。日本の国際協力は、これを実現するために国際社会において、「人間の安全保障」の理念のもとに、引き続き積極的な役割を果たしていくことが強く期待される。

具体的な方法論に関する課題は、多様なパートナーシップをいかに成功させるか、という点である。多様なアクターによって様々なアプローチが試みられている現状をどのように発展させて、どのようにして、より多くの人が実際に安全で衛生的なトイレ環境を持続的に享受できるようになるか、という問いに対して、実践的に応えていく、ということである。本章冒頭でも述べたとおり、世界各地の事情は様々で、世界共通の画一的な解決策があるわけではない。また、トイレ整備のために、世界各国が割ける資金や労力も限られている。国際機関や日本を含む様々なアクターが真摯に取り組んできた活動は、それら自体は評価されるべきものではあるが、多くの場合、事業が直接的に対象としたコミュニティや人々のみに影響を与え、いわば「小さな成功物語」にとどまっている。

このような困難な状況を打開し、世界中のすべての人々に安全で衛生的なトイレを届けるために、私たちは何をどのようにすればよいか。筆者は、これに対して完全な回答をもつわけではないが、たった一つ確実に言えることがある。それは、世界中の「知恵の共有」を武器として、多様な人々がつながり続け、この問題に取り組み続けるという道以外に解決策はない、という点である。幸いなことに、私たちは人類史上初めての「知恵を共有する時代」に突入している。いうまでもなく、現代テクノロジーがその基盤を提供している。様々な有益な情報を自由に発信し、それを世界中で、しかも極めて低廉なコストで共有する、という時代は未だかつてなかった。これは人類史上初めてのことである。もちろん、世界中で共有される情報の中には、誤った情報も多く含まれ、私たちはそれらを見極める力をつけていかなければならない。しかし、もし私たちが、トイレをめぐっての世界中の試みとそこから得られた知恵を共有し、さらに磨き高め続けることができたなら、それによって、今の私たちには見えていない解決策が必ず見えてくる。そこに至る道程において、「人間の安全保障」の理念を掲げる日本の国際協力はこれからも引き続き重要な役割を果たしていくであろう。

（戸田隆夫）

〈参考文献〉

■ユニセフ「世界トイレの日」プロジェクト UNICEF World Toilet Project　https://worldtoiletday.jp/

■「ソマリア「屋外排泄ゼロ」を宣言した村人たちの取り組み」（ユニセフホームページ）　https://www.unicef.or.jp/news/2017/0235.html

■【地方から世界へ：Vol.2】バイオトイレでカメルーンの衛生環境を改善：大分のベンチャー企業の挑戦」（JＩCAホームページ）　https://www.jica.go.jp/topics/2018/20180828_01.html

■「環境配慮型トイレで、女性を守り、雇用を生む　インド」（JＩCAホームページ）　https://www.jica.go.jp/publication/mundi/1903/201903_07.html

■『安全保障の今日的課題―人間の安全保障委員会報告書』朝日新聞社、２００３年

■『ＵＮＤＰ人間開発報告書１９９４』国際協力出版会、１９９４年

3　世界のトイレ改善活動

(1)――一般社団法人日本トイレ協会が先導した、世界のトイレ活動

この節では、トイレの改善に貢献をしてきた日本国内および海外の団体や個人を紹介する。まず、本書の出版を手掛けた一般社団法人日本トイレ協会の紹介をさせていただきたい。なぜなら、この団体が世界初の本格的なトイレ支援団体だと自負するからだ。

発足は1970年代まで遡《さかのぼ》る。当時の日本は、レジャーに自家用車で行くことが増え、外出先でのごみの散乱やトイレ不足が問題化した。それを受け、地域交流センター（のちに日本トイレ協会の事務局になった）が母体となって、「サロン集＆You」（東京都港区新橋）というスペースでトイレのことを議論する場として、1984年に「トイレットピアの会」が誕生した。そして翌1985年5月25日に「日本トイレ協会」が正式に発足した。

そして11月10日が語呂合わせで「いいトイレ」と読めるとの着想から、1996年にこの日を「トイレの日」と制定し、毎年その時期に「全国トイレシンポジウム」を開催している。

毎回、自治体関係者・トイレ関連メーカー・医療関係者・学生・主婦などが集う。

会場では先進的な公衆トイレを募集して、投票でよいトイレを10個選ぶ「グッドトイレ10」が始まった。同時期に都内の某商業施設で女性トイレにおしゃれなパウダーコーナーを設けたことが話題となり、トイレブームが起きた。

１９９３年には神戸国際シンポジウムを開催し、９か国から参加。１９９４年には香港で「アジア太平洋地域公共トイレセミナー」を開催し、海外での交流が始まった。１９９６年には「国際トイレシンポジウム」を富山県で開催し、１９９８年にも「アジア・太平洋国際トイレシンポジウム」を福岡県で開催するなど、世界的なトイレ改善活動のきっかけをつくった。また、２００２年に初めて二国開催となったサッカーのワールドカップの準備のため、２０００年に「日韓トイレフォーラム」を韓国の水原《スウォン》市で開催した。

国内では、より専門的な研究活動をするため、１９９２年に「メンテナンス研究会」が、１９９６年に「学校のトイレ研究会」が、１９９７年には「ノーマライゼーショントイレ研究会」、２０１９年に「災害・仮設トイレ研究会」が誕生し、

全国トイレシンポジウムの開催風景
撮影：白倉正子

議論の輪が広がっている。

2016年には、任意団体から一般社団法人になり、2022年3月現在では、会員数が200名（団体含む）程度となった。最近の活動をいくつか紹介すると、会員総会・会報の発行・ホームページの運用・若手の会「flush」・国際委員会による国際活動・月1回のトイレ講話会である「うんと知りたいトイレの話」も興味深い。また、よいトイレを掲載して奨励する「グッドトイレ推進運動」・書籍出版活動（2015年には設立30周年記念として『トイレ学大事典』を発刊した）・トイレのよい活動を紹介する「グッドトイレ選奨」なども人気である。

前述した全国トイレシンポジウムは、2020年の第36回からは東京ビックサイト（東京都江東区にある国内最大の展示場）で開催されている「トイレ産業展」（主催：日本能率協会）の会期中に行っており、毎年200名近い参加者が集っている。また2020年からはオンライン放映も始まり、全国および海外からも参加が可能となった。

日本トイレ協会は、SDGsが提唱される前から「トイレを通じた社会貢献」を活動していたと言えよう。これだけ長期間活動しているトイレ団体は、世界的にも皆無である。これらが世界のトイレ革命の参考になればと、使命感をもって活動している。

■公式ホームページ　https://j-toilet.com/

(2) ―― 世界でトイレ活動を行うＮＧＯ

ここからは、世界でトイレ改善を積極的に活動している代表的な団体を紹介する。

①世界トイレ機構（ＷＴＯ）

世界トイレ機構（World Toilet Organization）は、２００１年11月19日にシンガポールのジャック・シムが中心となって発足した世界規模の国際ＮＧＯである。２０１３年に国連が採択して「世界トイレの日」が誕生し、11月19日がその日になったが、それはこの団体の発足した日を記念してつくられたものである。今では11月になると世界中でトイレについて考えるイベントが開催されており、世界に与えた影響は計り知れない。

その主宰者であるジャック・シムは、

ジャック・シムの活動を紹介している映画「Mr.Toilet : The World's #2 Man」（2019年）

社会起業家として、世界各地でユニークながらもリアルな啓発活動を行っている。その様子は、映画「Mr.Toilet：The World's #2 Man」で紹介され、著書『トイレは世界を救う——ミスター・トイレが語る貧困と世界ウンコ情勢』（近藤奈香訳、PHP新書、2019年）で広く伝わっている。

WTOの活動としては、世界の議題で衛生状態を高めることを使命として、2001年より毎年11月に世界の主要都市で開催されている「世界トイレサミット」がある。

これまでに、トイレ活動の世界的有識者であるインドのナレンドラ・モディ首相や、ユニセフ、ビル&メリンダ・ゲイツ財団、国際ロータリーなどの信頼できるパートナーを得ている。

それから、「World Toilet College」を設立し、政府の代表者が廃棄物を資源として使用し、リサイクルと資源回収を促進することを目的とした包括的なプログラムを学び、提供するように動機づけるためのトレーニングを独自に設計している。またトイレ革命を行っている中国では、農村部の学生に前向きで長期的な行動の変化をもたらすことを目的として、2015年にレインボースクールトイレイニシアチブを開始した。今後が楽しみである。

■公式ホームページ　https://www.worldtoilet.org/

②世界トイレ協会（World Toilet Association）

世界トイレ協会（ＷＴＡ）は、トイレを通じて人類の保健と衛生を向上させる目的で、２００７年11月22日に創立されたＮＧＯ（非政府組織）である。ソウルで開かれた創立総会には、世界66か国の衛生・保健関連政府機関やＮＧＯ、国際機関などが参加した。本部は、韓国の水原《スウォン》市にあり、初代会長は元水原市長のミスター・トイレことシム・ジェトクであった。具体的には、主に以下の活動をしている。

発展途上国公共トイレの建築支援事業

毎年３～５か所程度で、２００８年～２０２１年に18か国で43か所のトイレが誕生した。設置場所は主に村の中心部・病院・交通関連施設・学校・市場・公園。災害被害地域などの人々が多く利用する場所だ。トイレ公開日には式典をし、また、地域住民向けの教育キャンペーンも同時開催している。

ワールドトイレリーダーズフォーラム

ＷＴＡは毎年加盟国を巡回し、世界的なトイレ問題に関心をもつ政府関係者、学術研究者、産業労働者、ＷＴＡの会員らが集まり、トイレ関連の問題について議論している。ＳＤＧｓ

の目標6の達成に向けて、開催国によって異なるサブテーマのもと、国際トイレ文化会議が同時開催される。次世代トイレ技術製品は会場に展示される。トイレの高度な技術や文化を体験できるように、テクニカルツアーも運営している。

トイレ博物館「ヘウジェ」やトイレ文化センターでトイレの重要性を展示

世界トイレ協会の本部がある建物は、「ヘウジェトイレ文化センター」という名称で（ヘウジェとは「心配ごとを和らげる」の意味）、建物の3階に本部や会議室があり、1階・2階には、トイレのマナーを学べる子ども向けの楽しい展示や世界中のトイレの本を集めた図書館がある。またすぐ隣には「Mr. Toilet house」という腰掛式便器の形をした白い建物があり、トイレの文化を伝える展示物や市民の作品が多数飾られ、屋上には世界トイレ協会の参加国の国旗が掲げられている。建物の外部は「トイレ文化公園」という屋外展示エリアになっており、歴史的なトイレを再現した造形物が見学できる。来場者は家族連れや保育園の遠足で来る子どもが多く、トイレ教育に貢献している。

世界トイレ協会の本部に隣接するトイレ博物館
撮影：白倉正子

■公式ホームページ　http://www.withwta.org/home_en/
■トイレ博物館「ヘウジェ」ホームページ　https://www.haewoojae.com:40002/eng/

③ビル&メリンダ・ゲイツ財団のトイレ支援活動

トイレ改善の世界的活動の一つに、世界の大富豪であるビル・ゲイツが一翼を担っている。

ビル&メリンダ・ゲイツ財団（Bill and Melinda Gates Foundation 以下、ゲイツ財団）とは、パソコンのOSであるWindowsをつくったマイクロソフト社の創業者の一人ビル・ゲイツが、世界の社会的課題を解決することを目的に、妻のメリンダと一緒に2000年に立ち上げた慈善財団である（本部：アメリカのワシントン州シアトル）。

2022年2月時点では、58億ドル（約7700億円）規模の助成金制度を通じて様々な活動に尽力しており、トイレに関しては2011年7月に、アフリカでのトイレ設置事業として、排泄《はいせつ》物や汚水から再生可能エネルギーを生み出す新技術に4200万ドル（約56億円）の助成金を出すと発表した。

その後、同財団では、革命的トイレの技術アイディアコンテ

北京のトイレEXPOで語るビル・ゲイツ
写真：AP／アフロ

ストを実施した。そこではカリフォルニア工科大学の「電気と水素を生成するトイレ」が優勝した。

なお、２０１５年1月7日に出された記事によると、ビル・ゲイツは下水道汚泥水を沸騰させ、飲める状態まで水を浄化させる技術開発に支援をしている。

２０１８年に中国・北京で「Reinvented Toilet Expo（新世代厠所博覧会）」が実施された際には、ビル・ゲイツ本人が人糞《じんぷん》が詰まったガラス瓶を片手で掲げながら、トイレの未来をスピーチしたことが大きな話題となった。

ビル・ゲイツは、我々が目指す理想のトイレは「水を使わないトイレ」だと訴えた。なぜならば、水の中にはたくさんのウィルスや寄生虫がおり、病原菌の温床になってしまうからだ。

それからどんな場所でも排便を浄化できる「トイレの再開発」を行うため、南アフリカのダーバンで、科学者たちと検証実験をしているそうだ。電気は太陽光で賄え、都市の下水道につながらなくてもよいトイレを研究している。

なお２０１８年11月に、日本を中心に世界的な活動をしているＬＩＸＩＬと、家庭用に世界初の「Reinvented Toilet」を試験導入するべく、パートナーシップを締結した。両者は排泄物を処理する仕組みのオフグリット仕様（電力会社の送電網につながらず、独立して電気を自給自足する状態）のトイレシステムを構築しようとしている。

■公式ホームページ　https://www.gatesfoundation.org/

④ウォーターエイド

世界的な水・衛生分野の支援活動をしている代表的なＮＧＯといえば、ウォーターエイドである。１９８１年にイギリスで発足し、２０２１年時点で世界34か国に拠点を置き、アジア・アフリカ・中南米など計26か国で水・衛生分野のプログラムを実施している。２０１３年には日本に「ウォーターエイドジャパン」が発足した（事務所：東京都墨田区）。

ＡＣジャパンのテレビＣＭやポスターで、ランドセルではなく水汲《く》み用のタンクを背負って、生きるために衛生的とは言えない水を遠方まで汲みに行き、学校で学ぶ機会を失ってしまった途上国の女の子の姿の紹介した組織といえば、ピンとくる人がいるかもしれない。

主な活動は、水・手洗い・トイレの支援で、ユニセフやＪＩＣＡの国家レベルの支援活動では、なかなか手が行き届かない

エチオピアの学校でのトイレ建設
写真提供：WaterAid/Genaye Eshetu

過疎地や村に入り込み、丁寧にニーズや課題を調べ上げ、現地の人が現地で入手できる素材を使い、自立して継続的に取り組める支援活動を展開している。

トイレ支援活動の一例を挙げると、最近ではコミュニティでワークショップなどを実施し、住民の間で、トイレを利用する需要を喚起する手法に加えて、サニテーション（衛生設備）・マーケティングという手法も取り入れている。地元の民間企業と協力して住民のニーズに合った魅力的なトイレを開発し、そのトイレを住民が簡単に購入できるようサプライチェーンを構築することで、トイレを広めていくのだそうだ。

また、学校や保健医療施設における誰もが使えるインクルーシブなトイレの設置にも力を入れている。こうしたきめ細かい対策が増えることが望まれている。

■公式ホームページ　https://www.wateraid.org/jp/

⑤フィンランド国際ドライトイレ協会（GDTF）

GDTF（Global Dry Toilet Association of Finland）は、安全で環境に優しい衛生管理のために、ドライトイレの技術を推進するNGOである。フィンランドと世界の水域を保護・保全し、自然の栄養循環を促進することを目的に活動している。

GDTFの目標は、ドライトイレを持続可能な開発の不可欠な要素とし、未来の世代にきれいな水と健康な環境を残すことである。また機能的なドライトイレを導入し、トイレの廃棄物を管理し、衛生対策やトイレの廃棄物が肥料になるという利点を人々に知ってもらうことである。２００２年の発足以来、フィンランド国内だけでなく、ヨーロッパやアフリカ大陸の様々な国で、約30のプロジェクトを実施している。

具体的には、関係者へのトレーニングや新しい施設の建設などを通じて、対象地域の衛生と健康状態を改善することである。重要なのは、人々の意識を変え、生産物（肥料や養分）の利用をポジティブなものに変えていくことと、それを雇用創出にもつなげることだ。たとえば、アフリカ大陸のザンビアの場合、安全に管理されたトイレを使用している人は26％にすぎないため、ＳＤＧｓの目標である２０３０年までに人々の衛生的なアクセスを１００％にすることを目指して活動している。

なお、3年に1度、フィンランドで国際会議を開催しており、世界各国から科学者、研究者、プロジェクト実施者が集まって、最新の研究や取り組みの経験を共有し、専門家同士のネットワークや情報発信の場としても機能している。

■公式ホームページ　https://huussi.net/

⑥THE TOILET BOARD COALITION

２０１５年に設立された、ＳＤＧｓの目標６のターゲット２への民間企業の関与を推進する企業主導の会員組織である。大小企業のパートナーシップ、官民連携を促進し、ＳＧＢ(small and growing business 中小企業および成長企業）向けのビジネス支援を通じて、持続可能な衛生製品およびサービスへの普遍的なアクセスに貢献している。このネットワークにいる起業家や企業で、衛生環境の改善のアプローチに挑戦し、新しい戦略的な実現環境を通じて、低所得市場にサービスを提供しながら、衛生ビジネス、つまり「サニテーションエコノミー」を構築することを目指し、製品とサービス、再生可能な資源の流れ、データと情報の成長する市場を育て、都市、コミュニティ、ビジネスを変革し、持続可能な開発目標に向けた進歩を推進している。

■公式ホームページ　https://www.toiletboard.org/

(3)――日本国内の団体の活動

①日本サニテーションコンソーシアム(Japan Sanitation Consortium：JSC)

２００９年に誕生したこの団体は、主にアジア・太平洋地域の人々に安全で快適なサニテーションの環境確保を目指して活動している。サニテーションとは主に、生活排水・雨水・し尿などの水環境を指しており、水処理の専門団体5つから成り立っている（一般財団法人下水道事業支援センター／公益社団法人日本下水道協会／地方共同法人日本下水道事業団／一般財団法人日本環境衛生センター／公益財団法人日本環境整備教育センター）。

具体的には、国際援助機関（アジア開発銀行やＪＩＣＡなど）に対し、専門家を育成したり、プロジェクトの助言などを行っている。

■公式ホームページ　http://www.jsanic.org/japanese/aboutus/whowearex.html

なお、これら団体以外にも、小さなコミュニティを対象にしてトイレ支援をしているＮＧＯもある。ぜひ見守っていただきたい。

②認定ＮＰＯ法人日本ハビタット協会

「スマイルトイレプロジェクト」と題し、アフリカ・ケニアで、各家庭のトイレづくりによる生活環境改善支援を始めた。29村２９２２世帯でトイレ普及率が97％となった。

■公式ホームページ　https://www.habitat.or.jp/

③公益社団法人日本国際民間協力会（NICCO）

これまで、20年間に渡り、マラウイ、ケニア、インド、ベトナム、ミャンマーなどでエコロジカルサニテーショントイレ（環境衛生式トイレ）略して「エコサントイレ」を約１４００基導入。日本人専門家を招き、現地に技術者を養成し、管理を行っている。

■公式ホームページ　https://kyoto-nicco.org/

④ワンワールド・ワンピープル協会（OWOP）

スリランカに教育支援や農村の自立開発支援・交流事業の支援を目的に、日本国内で１００円を１口に寄付を募っている。また現地で一緒にトイレをつくる活動もしている。

■公式ホームページ　http://www.owop.gr.jp/

(4)――世界のトイレを救う日本人による身近なアイディア

①誰でもできるささやかな動き

トイレの支援は、どうしても国家レベルの団体や、大きな企業・国際ＮＧＯが進めるもので「個人では何もできないに違いない」とあきらめがちである。しかし決してそんなことはない。

たとえば、第1章のコラムで紹介した高校生のトイレットペーパー活動は、たった一人の女子高校生の思いからスタートした。中央大学トイレ研究会では、当時女子大学生2人しかいなかったが、オリジナルのＬＩＮＥスタンプをつくり、売上金の一部をトイレ支援活動に寄付している。また環境負荷の少ないトイレの清掃ブラシをヘチマでつくる人も誕生した。

最近はネットを通じたクラウドファンディングという寄付金集めの方法で、トイレの支援金を求める人も誕生した。金額は数千円から数万円まで幅広い。たとえばケニアに住む日本人女性が１００万円の寄付を呼びかけ、某小学校のトイレ整備を行った。完成したトイレの壁に、寄付者全員の氏名が記載されている。こういう配慮は魅力的である。

②自分でできることを探す工夫

トイレをよくすることは、自分の生活でもできる。たとえば、水や紙や電気を節約する・トイレをきれいに使う・あまり洗剤を使わないように、こまめに清掃を行う・コンポストトイレの使用を積極的に検討するなどだ。毎日の「排泄」からも、ヒントを探してほしい。

（白倉正子）

コラム

公共トイレ清掃員の性別に対する意識調査

長年、日本では男子トイレを女性が清掃する姿が多く見受けられてきた。しかし、日本を訪れた外国人から「違和感がある」との声があがることもあった。

そこで我々は「公共トイレ清掃員の性別」に対して、【利用者】が実際にどのように感じているのかを明らかにするため調査を行った（2021年9～10月／インターネットアンケートで実施／1325名からの回答）。

まず、利用者と清掃員の遭遇経験を性別ごとに見ていく。公共トイレを利用する際に、異性清掃員と遭遇したことのある男性は96・8％、女性は44・4％であった。トイレはプライベートな空間にもかかわらず、男性においてはほとんどの人が、女性においても半数近くの人が異性清掃員と遭遇していた。では、利用者は異性清掃員との遭遇に対してどのように感じているのだろうか。

異性清掃員との遭遇に対して「抵抗がある」「やや抵抗がある」と回答した男性は44・9％、女性は83・0％であった（図1）。女性のほうが抵抗を感じる割合が高いものの、男性も半数近くの人が抵抗を感じていた。理由として、男性は「異性だから」「清掃の邪魔になるのではないかと申し訳ない」、女性は「何となく不安」「異性だから」が上位に見られた（図2）。

また、男性利用者に関しては、異性清掃員の年齢によって抵抗を感じる割合が異なることもわかった。年上異性清掃員に抵抗を感じる男性は32・4％に対し、年下異性清掃員に抵抗を感じる男性は53・1%であった。すなわち、男性は年上異性清掃員よりも年下異性清掃員に対して抵抗を感じていた。

日本においては、女性が男子トイレを清掃する様子が多く見受けられるが、半数近い男性が抵抗を感じていることを踏まえると、「公共トイレ清掃員の性別」を今後検討する必要があるのではないだろうか。

公共スペースでありながら個々のプライベートな空間で形成される公共トイレでは、排泄《はいせつ》だけなく、

図1　異性清掃員に遭遇したときの抵抗感

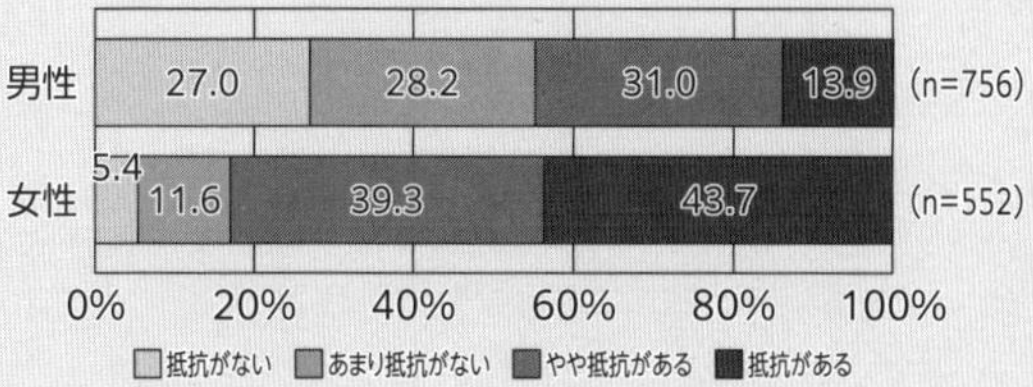

図2　異性清掃員へ抵抗を感じる理由

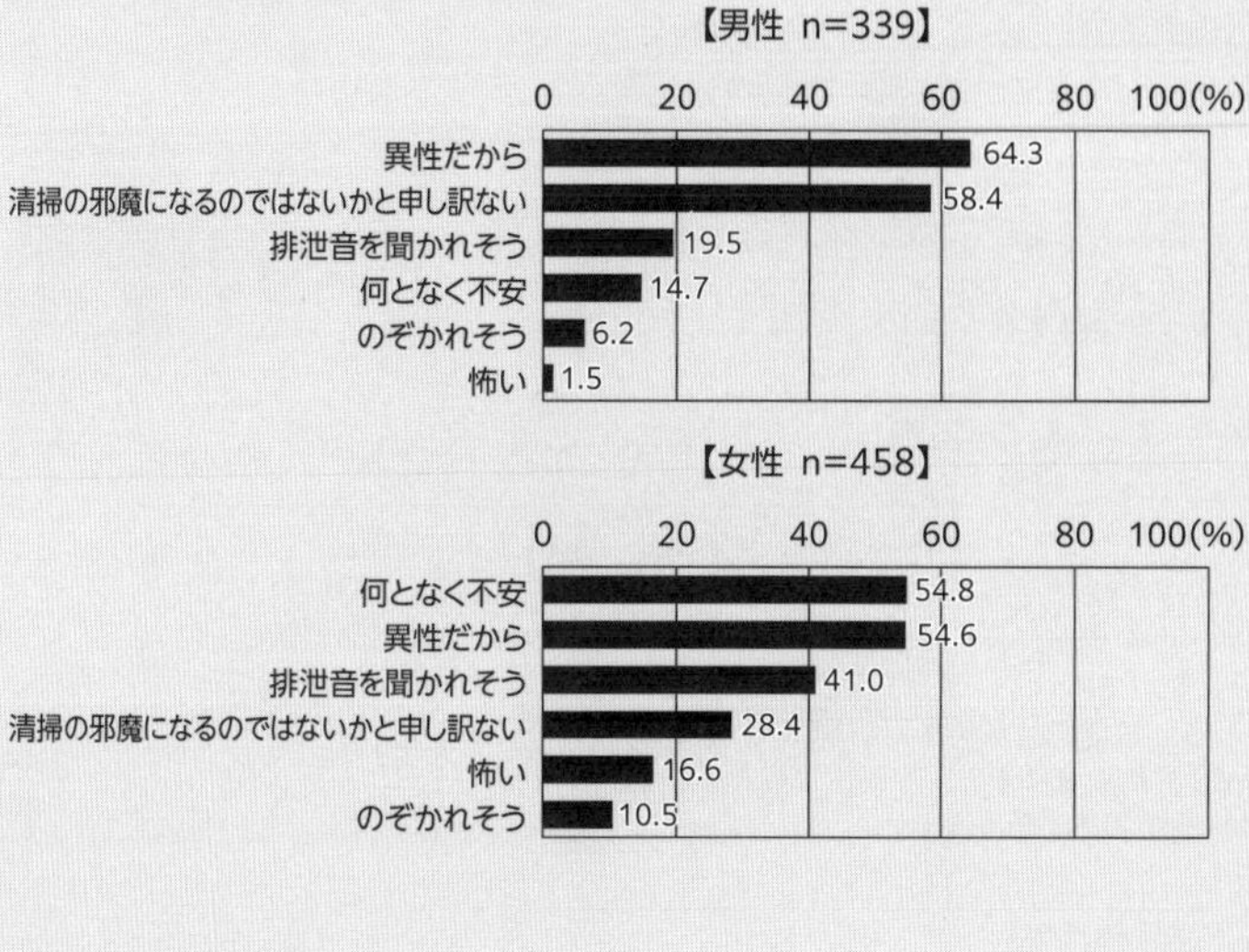

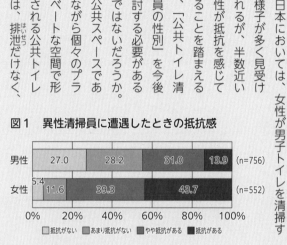

身だしなみや手洗いなど様々な利用目的がある。

さらに、性別や年齢、国籍、身体的特性など様々な立場の人が利用する。それゆえ、公共トイレがすべての利用者のニーズに応え、気持ちよく使える場所になることを願う。

しかし、本調査のみでは清掃員側の実態を把握できていない。また、清掃員の雇用や配置など清掃会社側の事情も考慮する必要がある。今後は【清掃員】側の観点からも調査を進め、多角的に検証していきたい。

（北岡未唯・中村咲里佳）

〈引用文献〉

- （一社）日本トイレ協会 若手の会 flush「公共トイレ清掃員の性別に対する意識調査」2021年9月

「女性が清掃しています」と伝える案内板が男性トイレの前に置かれている
写真提供：白倉正子

男性トイレの小便器を熱心に磨く女性清掃員
写真提供：白倉正子

4 日本の技術、ノウハウを活かせ！

「日本はトイレが世界一キレイ」との世界からの讃嘆《さんたん》の声を受けてうれしい限りである。その文化や技術は、日本人特有の「清潔好き」「丁寧なモノづくり」「進化を求め続ける向上心」がもたらしているのではないだろうか。

日本の技術は海外でも重要視されており、海外への輸出や支援も増えている。ただしトイレは万人が使うものなので、開発途上国支援だけではなく、国内の人や従業者満足、災害の対策など、たくさんの切り口がある。また日本国内にとどまらず、諸外国と手を取り合って、トイレ関連の仕事からSDGsの達成に貢献するために、幅広く関わっている事業も多い。

そこで本節では、日本に拠点がある企業の取り組みの一部を紹介しよう。

(1)――トイレのノウハウで「豊かで快適な住まいの実現」へ

①簡易式トイレシステム「SATO」でグローバルな衛生課題を解決

LIXILでは、「世界中の誰もが願う、豊かで快適な住まいの実現」というLIXIL

のPurpose（存在意義）を基軸に、責任ある持続可能なイノベーションを追求し、安全で快適な製品やサービスの開発に取り組んでいる。コーポレート・レスポンシビリティ（CR）戦略の一環として特に注力しているのが、「グローバルな衛生課題の解決」「水の保全と環境保護」「多様性の尊重」の3分野だ。そのいずれにおいても、地域や人々のニーズに合った簡易式トイレシステムをはじめ、様々なソリューションを提供することでSDGsに貢献している。

3500万人の衛生環境を改善

「グローバルな衛生課題の解決」の分野では、2025年までに1億人の人々の衛生環境を改善することを目標に掲げている。大勢の子どもたちが下痢性疾患で亡くなるなど、不衛生な環境は命をも脅かす深刻な問題だ。また、安全で衛生的なトイレがない地域の女性たちは、人目につかない場所まで用を足しにいく途中で、暴行や嫌がらせの被害に晒《さら》されている。学校に清潔なトイレがないため、初潮を迎えた女子生徒が通学をあきらめざるをえないケースも多い。

途上国のこうした課題を解決するために開発されたのが、簡易式トイレシステム「SATO」である。その構造は非常にシンプルで、約0・2～1ℓの少ない水で洗浄できる。排泄《はいせつ》物を流すとカウンターウエイト式の弁が開いて汚物が流れ、その後は動力を使わずに弁が閉まる仕組みで、ハエなどの虫による病原菌の媒介や悪臭を低減できる。低価格で設置も容易なため、下水道が整備されていない低所得の地域でも導入しやすい。

「SATOトイレシステム」の仕組み

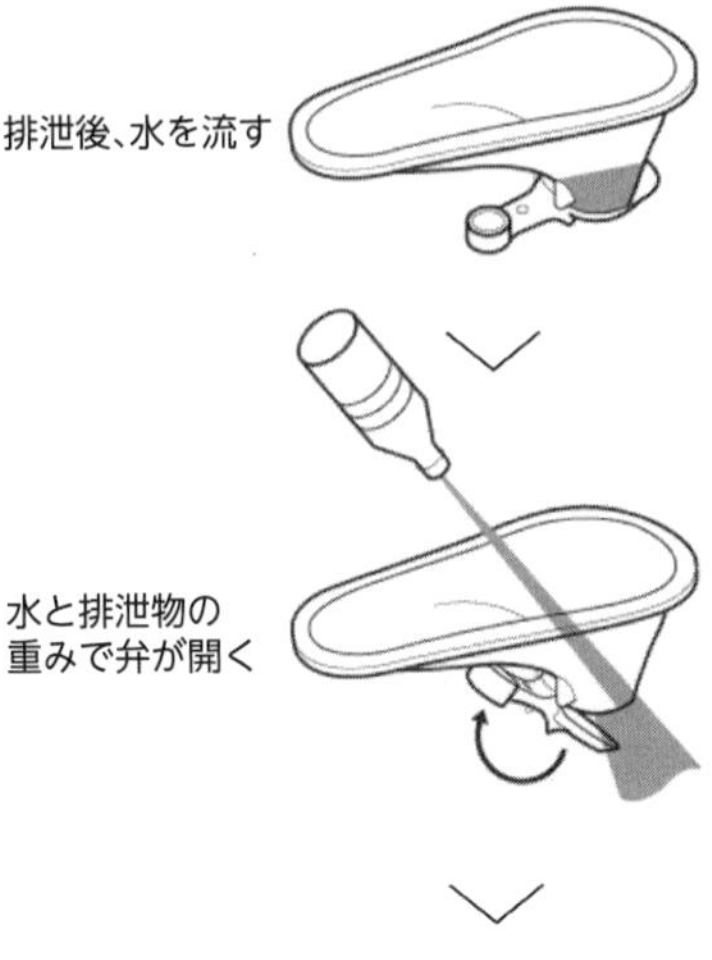
排泄後、水を流す
水と排泄物の
重みで弁が開く
流した後、
弁が閉じ、
虫や悪臭を
低減する

２０１２年に誕生したＳＡＴＯブランド製品は現在、アジアおよびアフリカの６か国で生産・販売されている。寄付などによる提供先も含めると、これまで45か国以上で約６５０万台が出荷され、３５００万人以上（２０２２年６月現在）の衛生環境改善に貢献した計算になる。

こうした取り組みは、一見すると「慈善事業」に見えるかもしれない。だがＬＩＸＩＬでは、あくまでソーシャルビジネスとしてＳＡＴＯを展開している。そうでなければ持続可能な取り組みにならないと考えているためだ。

地域の自立を支える人材育成と衛生教育

ＳＡＴＯ事業の貢献は、衛生環境の改善にとどまらない。現地のメーカーやＮＧＯと連携して生産・販売体制の構築を進めることで、地域に雇用を生み出し、自立的・継続的な衛生環境の改善を可能にしている点でも意義深い。

雇用創出に向けた取り組みの一つが、ＳＡＴＯの設置やトイレ建屋の建設を担う職人の育成だ。これまでナイジェリア、タンザニア、インド、ウガンダなどで、主に若年層や女性など１万９０００人以上に無料研修プログラムを提供してきた。インドでは研修を受けた女性の収入が２００％増加した事例も報告され、またウガンダでは育成された職人が5年間で３０００個以上ものＳＡＴＯの販売・設置に携わるなど、確実な成果が生まれている。

開発途上国の雇用創出、能力開発にも貢献するSATOソーシャルビジネス

同時に、地域住民に対しては、衛生的なトイレ利用の重要性を啓発する活動を行っている。たとえばウガンダでは、国際機関とともにキャンペーンを行い、75万人の意識啓発につながると推定している。こうした活動を通じてトイレ利用が定着すれば、やがてはもっと多機能の上位製品に移行し、さらなる住環境の改善につながる可能性もある。ＬＩＸＩＬが提供す

る製品群の中で、ＳＡＴＯはシンプルな機能で扱いやすいエントリーモデルに位置づけられており、まずはこの市場をリードすることで、長期的なビジネスの成長にも貢献することが期待できる。

ユニセフとのパートナーシップでさらなる改善へ

さらにＬＩＸＩＬでは、２０１８年からユニセフ(※)とシェアードバリューパートナーシップ「ＭＡＫＥ ＡＳＰＬＡＳＨ！」を締結している。トイレを必要とする人々が低価格で衛生的な製品やサービスを利用できるよう、衛生市場を確立するとともに、現地における人材育成や衛生教育、政府機関に対するアドボカシー活動などを展開することで、世界の子どもたちの衛生環境の改善に取り組んでいる。日本国内では、消費者や取引先、従業員からユニセフへの寄付を促進するプログラムを行っており、誰もが途上国の衛生環境改善に貢献できる仕組みだ。これらの取り組みを通じて、２０２１年までに２９０万人の衛生環境を改善している。

（※）　ユニセフ（国際連合児童基金）は特定の企業やブランド、製品やサービスを推奨していない。

②災害時にも安心の「いつものトイレ」

ＬＩＸＩＬが注力する優先課題の２つ目は「水の保全と環境保護」だ。温室効果ガスの削減による気候変動の「緩和」だけではなく、平均気温の上昇による異常気象がもたらす災害が世界的に増加する中、気候変動への「適応」も重要だ。その一環として防災対策がますます重要になっている。なかでも、災害時の「し尿処理」の問題は、「水」や「食糧」の確保と同じく、命に関わる重要な課題だ。

そこで開発したのが災害配慮トイレ「レジリエンストイレ」である。その特徴は、災害時に水道などのライフラインが遮断された際にも、少ない洗浄水量でも機能を維持したまま、平常時とまったく同じように使える点にある。平常時に使っている分には、一般的な水洗トイレと変わることのない、いたって「普通」のトイレだが、「強制開閉弁」を採用するこ

断水時も使い慣れたトイレを使用できるため安心

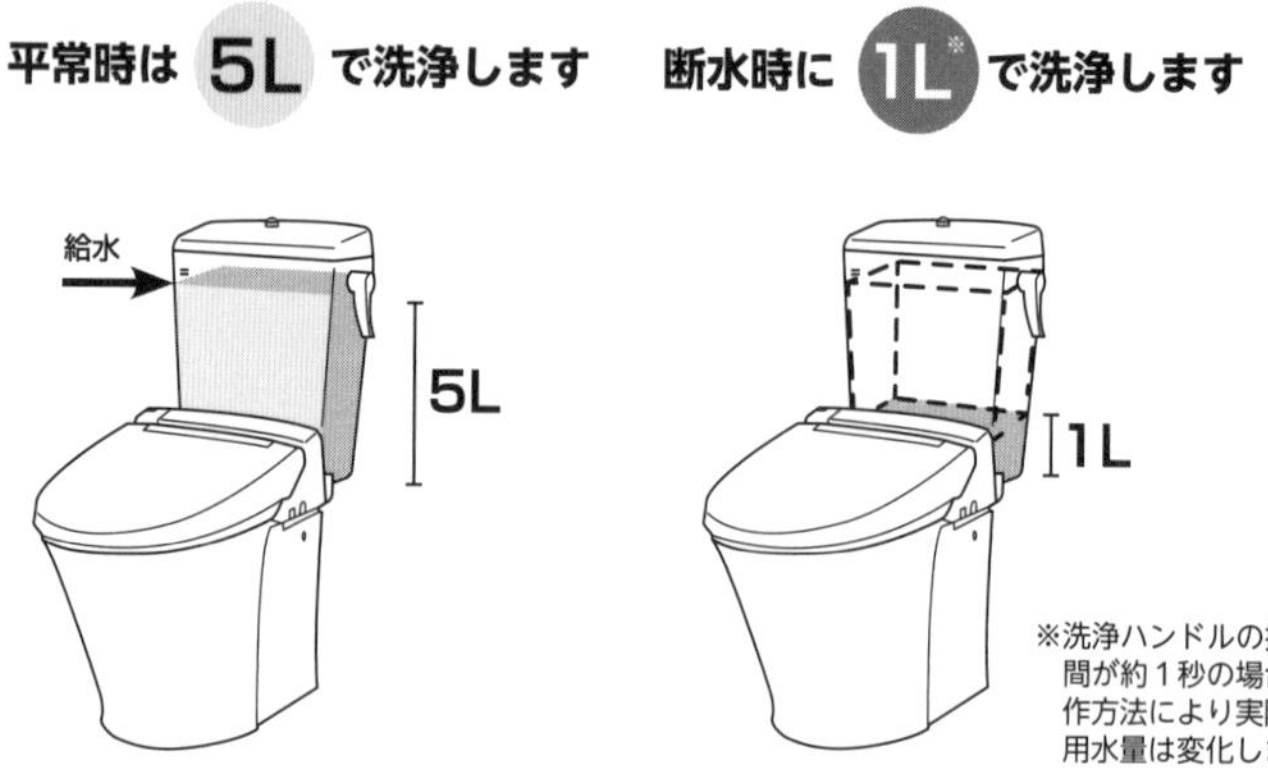
平常時は 5L で洗浄します
断水時に 1L※ で洗浄します
給水
5L
1L

※洗浄ハンドルの操作時間が約１秒の場合。操作方法により実際の使用水量は変化します。

とで、非常時には洗浄水量を通常の５ℓから１ℓに切り替えられる構造になっている。

現在、避難所や防災拠点となる学校や体育館、庁舎などを中心に設置の提案を進めており、すでに導入した施設からは「いざというときの安心につながる」と好評だ。

③インクルーシブなパブリックトイレが支える社会の多様性

３つ目の柱である「多様性の尊重」について、ＬＩＸＩＬは性別、年齢、障害の有無など身体状況にかかわらず、誰もが快適に利用できるインクルーシブなパブリックトイレ（公共トイレ）づくりに取り組んでいる。その一つが、車いす使用者が外出先でも安心して使える移動型の「モバイルトイレ」だ。公共施設では近年、多機能トイレの整備が進んでいるが、未だ十分とは言えないのが現状である。その点、トヨタ自動車株式会社と共同で開発した「モバイルトイレ」は、車両に搭載してけん引できるため、必要に応じてどこにでも設置できる。スポーツ観戦などの各種イベントに車いす使用者も参加しやすくなり、活動の幅を広げる一助となるだろう。

開発にあたっては、車いす使用者をはじめ、パラアスリート

様々な場所に移動可能なモバイルトイレ。超低床車体の設計により、なだらかなスロープから出入りできる。

や福祉工学の専門家などにヒアリングを重ねた。その結果、単なるバリアフリー設計にとどまらず、「介助者の手を借りずに一人で乗り込みたい」「気分が悪い時に、横になれるとありがたい」といった生の声を活かした工夫を随所に施した。こうした取り組みを通して、障害の有無にかかわらず、誰もが行きたい場所に行き、やりたいことに挑戦できる社会の実現を目指している。

今後もLIXILでは、CR戦略の一環としてビジネスを通して様々な観点からトイレの課題に取り組み、「世界中の誰もが願う、豊かで快適な住まいの実現」を目指していく考えだ。

（長島洋子）

(2)――排泄《はいせつ》物処理剤を使った新しいトイレ（モンゴル、ボリビア）

エクセルシア社の処理技術は、処理剤のみで排泄《はいせつ》物を除菌し、悪臭を取り除く技術である。これまでの排水処理は、大きなプラントでの水処理を必要としていた。電気や上下水道を使わずに処理を達成でき、CO_2を限りなく発生させない画期的なものである。また、処理後物質を土壌還元することができる。消化器感染症の予防に期待され、千葉大学医学部と共同研究をし、医療面でも応用されている。

本技術は、インフラの脆弱《ぜいじゃく》な途上国での活用が期待され、「JICA（国際協力機構）2015年度中小企業海外展開支援事業～基礎調査～」に採択され、モンゴル国において実証試験、調査事業を行った。モンゴル国において年間で最大の国民行事であるナーダム（注）にて、ウランバートル市の要請により、本技術仕様の仮設トイレを設置し実証試験を行い、期間中には1日、1台あたり延べ100人以上が使用し、実施したアンケートでも92・7％以上の人が臭気が気にならないと回答している。多くの家族連れが使用し、悪臭のない仮設トイレに賞賛の声が寄せられた。

ウランバートル市のゲル地区はモンゴル国の開発課題である。ウランバートルの人口131万人（2014年）のうち、約77万人がゲル地区に居住している。電気へのアクセスは問題ないが、地下水などを汲《く》み上げた飲料水はキオスクなどで購入し、また、下水施設が整備されていないため素掘りのトイレを利用しており、居住環境は快適で衛生的とは言えない。トイレが引き起こ

ウランバートルのゲル地区

ナーダムにおける実証試験の様子

す衛生問題は、重大な環境問題となっている。モンゴル国政府もウランバートル市も、本技術のゲル地区への適用を期待している。

また、同社は2015年12月31日、マイナス27℃になる厳冬のウランバートル市主催の年越しイベントにおいて仮設トイレの実証試験を行い、順調に稼働をし、気候の厳しさにも対応できることを証明した。

さらに同社は、2018年よりJICAボリビア事務所と共同でボリビア国における観光地のトイレ課題に取り組むプロジェクトを行っている。ボリビアの主要産業は鉱物資源と観光である。なかでもウユニ塩湖は、ペルーのマチュピチュと並び日本人の南米観光におけるメッカとなっている。また、首都のラパスの標高は3600m付近にあり、ワイナ・ポトシ山をはじめアンデス山脈の6000mを超える山々に囲まれているため、世界の登山愛好家が数多く訪れている。

ウユニ塩湖は、湖面の鏡のような水の反射により空との境が

ウユニ塩湖（雨期）

ゲル地区の一般家庭のトイレ

なく、四国ほどの大きさであるので永遠に地平線が広がるような幻想的な風景を映し出す。ＳＮＳの普及により、多くの人がこの〝映える〟画像を撮りに訪れている。ウユニ塩湖の観光では多くの人が朝訪れ、ランチを湖上で取り、日の入りまで滞在する。しかし、課題はトイレである。ウユニ市の下水普及率は10％ほどであり、下水はほぼ貯水場で貯められているだけである。ここ10年ほどでの急激な観光客の増加により、ごみ問題をはじめ、トイレ問題の喫緊解決が求められている。

ウユニ塩湖の湖上にはトイレをつくることはできない。また、遮蔽物が全くないのでトイレは本当に困る。同社のポンチョつき携帯トイレはウユニ塩湖で使用するのに適しており、富士山での活用実績も認められ、ＪＩＣＡボリビア事務所を中心に実証試験を行っている。本プロジェクトでは携帯トイレで脱臭された処理後物質をミミズコンポストで土壌化し、ウユニ塩湖地域の名産であるスーパーフードのキヌアに再利

ウユニ市の下水貯水場

ポンチョつき携帯トイレ（ウユニ塩湖上で）

用する。ウユニ塩湖の地域は乾燥地域でもあるので、肥料効果と保水特性で植物の育成にはメリットが大きい。これまでやっかいものであったトイレ問題から価値が生まれる発想の大転換である。

観光地においては海外、国内問わず共通の悩みをもつ。きれいな自然を楽しみに観光客は来訪する。自然は観光地にとってコンテンツであり、商品である。しかし、観光客が増えるとその自然に負荷がかかり、環境が破壊される。持続可能な観光開発をトイレから目指していく、この取り組みは大変興味深い。

（足立寛一）

（注）毎年７月にモンゴル全国で開催される。競馬、相撲、弓などの競技大会が行われ、最大のナーダムはウランバートルで開かれる。

(3)――ＳＤＧｓの目標達成への貢献について（ＴＯＴＯグループの事例）

ＴＯＴＯグループは、広く社会や地球環境に貢献する存在であり続けることを目指している。

「健康で文化的な生活を提供したい」という創立者の志は、「TOTOグループ企業理念」として1世紀以上にわたって今も社員一人ひとりに脈々と受け継がれている。豊かで快適な生活文化を創造し様々な商品やサービスを提供し、2018年から、〝きれいと快適〟〝環境〟〝人とのつながり〟をグローバルで取り組む3つのテーマとして、「TOTOグローバル環境ビジョン」を制定し推進している。

また、様々な事業活動と一体となり、長期的な視点で実現したい暮らしや社会・環境を明確にした「新共通価値創造戦略　TOTO　WILL2030」をスタートしている。これらの取り組みにより、SDGsにも貢献している。

①きれいと快適

TOTOグループは、水まわりを中心に人々の生活に関わる商品を提供し続けてきた。「人々の生活を豊かにしたい」という創立者の想いを、事業を通じて実現するために、商品開発において人を思い、清潔性や快適性を進化させてきた。これからも、子どもから高齢者まで、どんな人が使っても、ライフステージが変化しても、世界中の人々にきれいで快適な暮らしを届けていく。テーマ「きれいと快適」では、「きれい・快適を世界で実現する」「すべての人の使いやすさを追求する」を目指す姿とし、「きれいで快適なトイレのグローバル展開」に取り組んでいる。これにより、あらゆる年齢のすべての人々の健康的な生活を確保し、福祉を促進することを目指しているＳＤＧｓの目標３「すべての人に健康と福祉を」などに貢献していく。

きれい・快適を世界で実現する

ＴＯＴＯグループは１００年以上にわたり、ものづくりの技術を培ってきた。より衛生的で快適なトイレ空間を利用していただくために、ＴＯＴＯ独自のクリーン技術「きれい除菌水」「セフィオンテクト」「フチなし形状／トルネード洗浄」を提案している。グローバルにおいて、〝ＣＬＥＡＮ〟と〝ＩＮＮＯＶＡＴＩＯＮ〟を組み合わせた造語「ＴＯＴＯ ＣＬＥＡＮＯＶＡＴＩＯＮ」のもと、クリーンの革新の継続性を３つの価値で世界の人々へ伝えていく。

すべての人の使いやすさを追求する

ＴＯＴＯグループでは、１９６０年代に、障害者配慮の取り組みを開始し、現在はすべての人の使いやすさを追求したユニバーサルデザインに取り組んでいる。商品を開発・販売するだけではなく、車いす使用者や乳幼児連れの人、性的マイノリティの人などが外出先でトイレを使用する際の困りごとを調査した報告書の発行や、様々な状況に配慮したトイレ空間の提案などを行っており、多くの現場で具現化されている。また、このような知見を活かし、法令・規格化への提言活動も行っており、公共トイレにおける操作系設備配慮のＪＩＳ・ＩＳＯ規格の制定にも貢献した。

②環境

ＴＯＴＯの商品は、毎日の暮らしの中で、長期間にわたって使用されるという特徴がある。そのため、商品のライフサイクル（原材料調達～製造～販売物流～使用～廃棄）という視点では、商品を使用する段階におけるＣＯ$_2$排出が９割以上を占め、節水や省エネが環境への配慮に大きく貢献する。このような理由により、ＴＯＴＯグループでは事業所における省エネや再生エネルギー導入などに加えて、商品開発における環境配慮設計を実現し、環境性能の高い商品の普及に努めている。

目指すべき姿として、「限りある水資源を守り、未来へつなぐ」「地球との共生へ、温暖化対策に取り組む」「地域社会とともに、持続的発展を目指す」を設定し、「節水商品の普及による水ストレスの軽減」や「カーボンニュートラルの実現」「地域に根付いた社会貢献活動」

に取り組んでいる。これによって、すべての人々の水と衛生の利用可能性と持続可能な管理を保持することを目指しているＳＤＧｓの目標６「安全な水とトイレを世界中に」などに貢献していく。

限りある水資源を守り、未来につなぐ

地球には多くの水があるが、実際に人が利用できる水は、そのうちの０・０１％しかないと言われている(注)。水まわり商品を提供する企業として、人々の暮らしに大きな影響を与える「水資源の枯渇」という課題に対応していく責任があると考えている。節水性能が高く、かつ快適に使用できる商品を世界中に普及させていくことで、商品使用時の水消費量を削減していく。

地球との共生へ、温暖化対策に取り組む

気候変動が及ぼす影響を重要な事業リスクと認識して

節水性能の追求

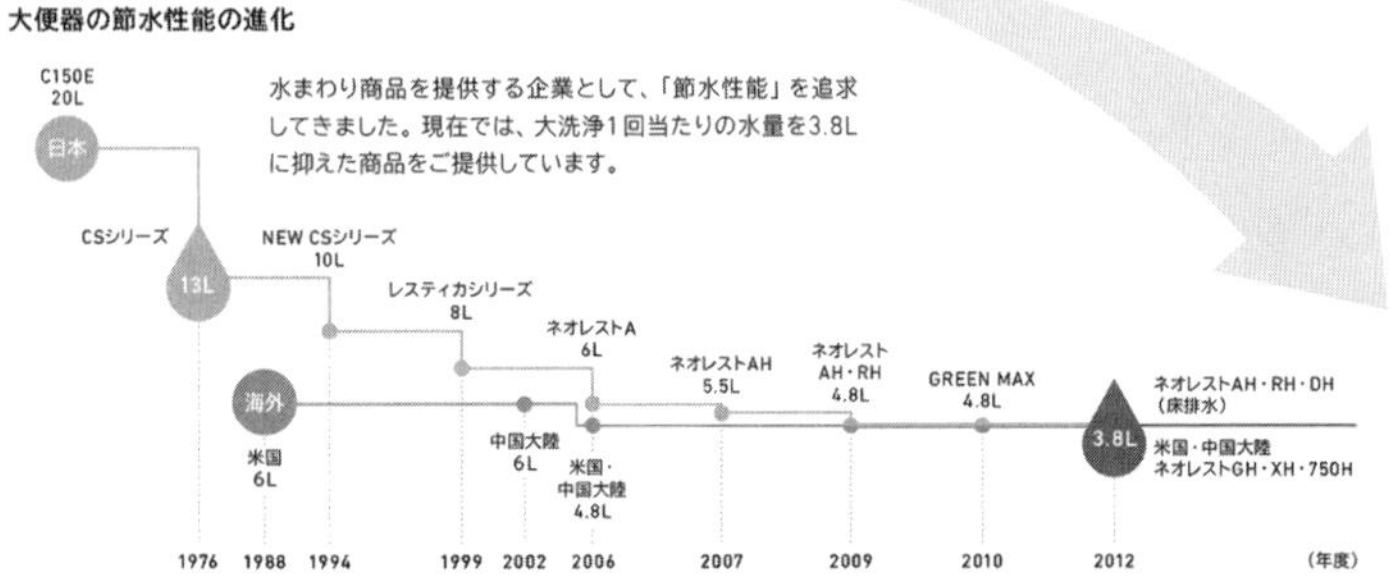

※ 1回当たりの洗浄水量(大洗浄)

おり、カーボンニュートラルで持続可能な社会の実現に向けて、パリ協定と整合した科学的根拠に基づいて温室効果ガスの削減に取り組んでいく。

地域社会とともに、持続的発展を目指す

未来に向けて、水資源を有効に活用しながら、地域や社会が持続的に発展していくためには、企業による事業活動とともに、市民活動の果たす役割は欠かせない。

ＴＯＴＯグループは、世界中の環境保全や衛生的で快適な生活環境づくりを行っている団体の活動を支援する「ＴＯＴＯ水環境基金」などを通じ、地域社会の課題解決や持続的な発展に貢献している。

③人とのつながり

ＴＯＴＯグループは、事業を通じて、社会の発展に貢献し、世界の人々から信頼される企業であることを目指し、人とのつなが

大便器の節水性能の進化

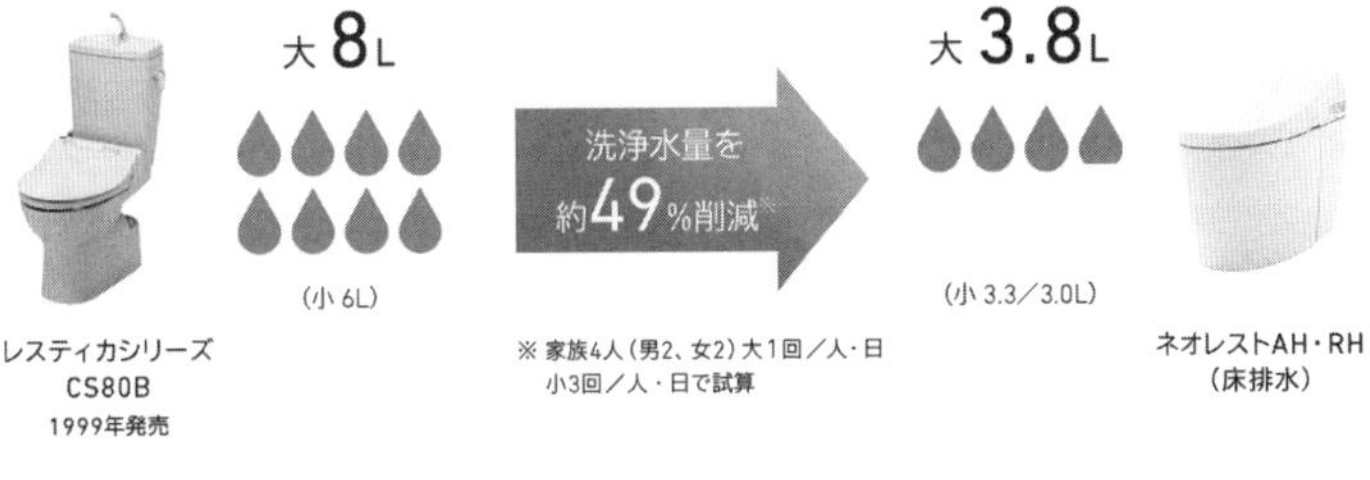

レスティカシリーズ
CS80B
1999年発売

※ 家族4人（男2、女2）大1回／人・日
小3回／人・日で試算

ネオレストAH・RH
（床排水）

りを大切にしている。

グローバルで取り組む３つのテーマの一つ「人とのつながり」では、目指す姿として「お客様と長く深い信頼を築く」「次世代のために、文化支援や社会貢献を行う」「働く喜びを、ともにつくり、分かち合う」を設定し、顧客満足の向上や、ボランティア活動への社員の参加促進、働きやすい会社の実現に取り組んでいる。これにより、すべての人のための持続的、包括的かつ持続可能な経済成長、生産的な完全雇用および働きがいのある人間らしい仕事を推進することを目指しているＳＤＧｓの目標８「働きがいも経済成長も」に貢献していく。

（永島史朗）

（注）国土交通省「令和３年版　日本の水資源の現況」

マザーズスペースの前で笑顔を見せる一家（ベトナム）

「TOTO水環境基金」助成先団体が現地住民と共同で建設した水浴び場や洗濯場を兼ね備えた多目的トイレ「マザーズスペース」

第3章

誰一人取り残さない日本のトイレ

１―「誰一人取り残さない」ということ

①トイレ使用者の多様さへの対応

「誰一人取り残さない」（Leave No One Behind）はＳＤＧｓ全体に共通する考え方である。水やトイレについて言えば、第1章で述べられているように、20億人に安全な飲み水が不足しており、36億人の衛生状態が安全ではなく、４億９４００万人以上がまだ野外排泄《はいせつ》を行っている。

このような世界の状況から見れば、日本においてはトイレの最低限のニーズは充足しているといえる。住宅にトイレがないということはあまり考えられないし、住む家のない人は確かに社会問題として存在するが、トイレに関しては公園などにも整備されていて、少なくとも、トイレ以外の場所や囲いのないところで用を足さなければならないという状況は、例外的な場合を除いては想像しがたい。都市での生活ではまずありえないと言えるだろう。

このように場としてのトイレは一定程度確保されており、そのような中で１９９０年代あたりから顕著になってきたのは、トイレ使用者の多様さへの対応である。

トイレはすべての人に必要であるが、わが国で考えられてきたトイレの利用者像は、案外画一的なものだったように思える。たとえば、わが国の伝統的なトイレは和式と言われるしゃがみ式だが、高齢化が進むとともに、しゃがむのが困難だという声が大きくなってきた。今のように腰掛式便器がなかった時代の高齢の人は、どうやって使っていたのだろうか。すべての人がトイレに問題なくアプローチできて、すんなりとしゃがめて、あるいはきちんと座位が取れて、用が済めば問題なく立ち上がれるとは限らない。そのような人の多様性への対処は、実は歴史の浅いものなのである。

②多様性とアクセシビリティ

こうした利用者の多様性に対して、いわゆるバリアフリーが扉を開き、大きく寄与してきたと言える。なお、わが国ではバリアフリーという言葉が一般的だが、世界的にはアクセシビリティ（名詞）とかアクセシブル（形容詞）という言葉が一般的である。そこで本稿では、以降はアクセシビリティやアクセシブルという言葉を使って論を進める。

わが国でのアクセシブルなトイレの先駆けと考えられるのは、1960年代に病院の中に設けられた車いす対応トイレで[(1)]、当時としてはまだ珍しかった腰掛け式便器で手すりが付いており、便器の左右両方からアプローチできるものだったようである。

1970年代に入ると地方自治体の中からアクセシビリティ整備への取り組みが始まった。

東京都町田市は１９７４年に施行した「町田市の建築物等に関する福祉環境整備要綱」で「ハンディキャップを持つ人のための環境整備基準」を定め、車いす対応トイレの図を示している。それは腰掛け式便器で壁側にＬ形手すり、オープンサイドに回転手すりが設けられ、広さは手すり可動式の場合は２・５ｍ×２・２ｍ以上、手すり固定式の場合は２ｍ×２ｍとされている。これは現在と同等か若干広めで、現在一般的にあるものと類似性の高いトイレである。

１９９０年にアメリカでＡＤＡ(注1)という法律ができた。ＡＤＡでは、障害のある人の社会参加は権利であり、それを妨げることは差別であると明確に述べており、わが国の障害のある人の当事者運動に大きな影響を与えた。また１９８０年代後半から、日本が近い将来に急速な少子高齢社会になっていくという予測への対応として社会をアクセシブルにすることへの関心が高まり、１９９０年代には都道府県レベルの自治体を中心に、いわゆる「福祉のまちづくり条例」の制定が相次いだ。これを受けて国は１９９４年にハートビル法(注2)を制定し、そのガイドラインとなる「高齢者・身体障害者等の利用を配慮した建築設計標準」（以下、建築設計標準）を示した。

ここには「車いす使用者が利用可能な便所」と共に、「一般用の便所・洗面所は、車いす使用者以外の身体障害者や高齢者の利用に配慮し（後略）」、「男女とも、各便所に１以上の腰掛式便器を設け（後略）」、「視覚障害者による使用に配慮し、案内板等への点字表示や便房の扉への使用中か否かの表示装置の設置等を行うことが望ましい」といった記述がある。

③様々なニーズの反映

ハートビル法は建築物のアクセシビリティについて述べた法律であるが、2000年には公共交通に関する交通バリアフリー法（注3）ができた。このガイドラインである「公共交通機関旅客施設の移動円滑化整備ガイドライン」の作成にあたっては「身体障害者用トイレに関する分科会」が設けられた。

このガイドラインでは「身体障害者、オストメイト、高齢者、妊婦、乳幼児を連れた者等の使用に配慮した多機能トイレを1以上設置するか男女別にそれぞれ1以上設置する」と述べた上に、「右利き、左利きの車いす使用者（後略）」と述べている。また、それまであまり知られておらず、当時はまだ対応する器具さえなかったオストメイト（注4）について述べていることは注目すべきである。さらに、座位がうまく取れずに便器が使えない人や、おむつを使用する大人

オストメイト用汚物流し

のためのベッドの設置にも言及しており、想定する対象者が一気に拡大された。ここでは、これらの多様なニーズを多機能トイレに集約するとしたことが注目される。また、車いす使用で単独で用の足せる人の中には性別のトイレを使いたいという声も多くあることから、男女別のトイレの中に車いすで使えるように少し広いブース（簡易型多機能便房）を設けることも提案されている。

中部国際空港の一般ブース

このように、2000年の交通バリアフリー法のガイドライン（発行は2001年）は、極めて多様なニーズに光を当てて世界に類を見ないトイレ像を描き出しており、わが国のトイレを特徴づける性質としてこの姿勢はそのまま今日まで受け継がれている。そして、それまで顧みられていなかったニーズが明らかにされ、それに対応する器具の開発にもつながった。

2005年に愛知県で開かれた「愛・地球博」の玄関口となった中部国際空港は、計画段階からユニバーサル・デザインが標ぼうされ、障害のある人を含む様々な関係者が設計作業に参画した。そして、すべての一般便房を一回り大きくしたトイレが登場した。

国際空港では、大きな荷物を持った客がトイレを使用する際に、その荷物の置き場に困っていた。ブースの外に残せば盗難の恐れがあるし、ブースの中には入り切らない。そこでブースを一回り大きくして折戸を採用することで、荷物、ベビーカー、比較的小型の車いすなどが一般ブースに入れるようにした。さらに、聴覚障害のある人が、個室に入っている間は外部からの視覚情報が遮られ、また構内放送も聞こえないため、火事などの非常事態が起こって避難が遅れることに対する心配を抱えていることがわかり、すべての個室の天井に緊急時に光が点滅するフラッシュライトを設けた。広いブースとフラッシュライトはその後につくられた空港にも引き継がれ、わが国の空港の一つの特徴となっている。また、フラッシュライトは、ショッピングセンターなど、空港以外の施設でも採用されるようになっている。

④性的マイノリティ

多機能トイレは基本的に異性介助を想定して男女共用である。異性介助は重度な肢体不自由者だけでなく、知的障害や発達障害で排泄行為に介助や見守りが必要な人に対しての場合もあり、その実数は把握されていないが、かなりのニーズがあるものと思われる。

また男女共用という他のトイレにはない特徴は、ＬＧＢＴＱなどと略称されることの多い性的マイノリティのトイレ利用の助けにもなっている。特に自分の出生時に決められた性別と性自認が一致しない性別違和を抱えている人にとっては、身体をもとに男女別に分けられたトイレを使うことは自認している性に反することとなる場合があり、トイレが使いづらくなってしまう。

性的マイノリティについては、近年になってマスコミなどでも取り上げられるようになってきたが、少し前まではネガティブな印象で語られることが多く、社会的な偏見もあって、当事者はなかなか表だって声を上げることができなかった。本来ならば性別違和が社会的に認知され、自己の性自認に従ったトイレを利用できればいいはずであるが、現実には「社会の目」がそれをなかなか許さない。また、身体的に異なる性別の人が同じトイレ空間を使うことへの拒否感をもつ人も少なくない。

従来、障害とは本人の状態に起因するものだと考えられてきた（障害の医学モデル）。そのため障害のある人は社会に適合できるようになるために、治療やリハビリなどを強く求められてきた。しかし近年では、社会の不備や無理解で生きづらさや障壁が生じているという「障害の社会モデル」への理解が深まり、社会の側が変わる必要があるという考え方が広まってきている。アクセシブルな社会づくりは、社会モデルを具体化する取り組みである。

そういった観点から性的マイノリティに関する問題を考えると、まさにこの社会モデルの問題であることがわかる。そのため近年のバリアフリー法ガイドライン（注5）では性的マイノリティに対する言及も行われている。

バリアフリー法の2018年版の公共交通ガイドライン(注6)では「高齢者や知的・発達障害者等の同伴介助や性的マイノリティ等の利用に配慮し、広めの男女共用便房を設置することに配慮する」と述べている。なお、建築設計標準では2012年版から機能分散(本章第2節で詳説)を提唱しており、2017年版では「異性介助等に配慮し、男女共用の便所・便房を設けることが望ましい」と述べてはいるが、この時点で性的マイノリティへの言及はなく、2021年版から登場している。

⑤「誰一人取り残さない」のもつ意味

様々な努力の結果、わが国のトイレは(おそらく)世界で最も多様な利用者を考慮したものとなっていると言えるであろう。しかし、災害時の対応は始まったばかりである。

災害時の避難場所になる学校のアクセシビリティ整備は、2020年にやっと公立小中学校の整備が義務化された。学校の整備の遅れは1994年にハートビル法ができたときから指摘されていたことで、1995年の阪神・淡路大震災でその問題点が露わとなった。それ以降も2011年の東日本大震災を始めとして多くの災害に見舞われ、人々はそのたびに学校に避難してきたのに、学校のアクセシビリティ整備の義務化はずっと先送りされてきていた。そのため、大多数の人はひとまず安心できる避難所として、学校に留まることができるのに、障害のある人や高齢の人のなかには、使えるトイレがないために、損傷を受けていて危険な自宅に帰らざるをえなかった人たちも多い。自然災害の多いわが国では、災害時の備えは必須である。これまでの遅れを取り戻すため、急ピッチの整備が望まれる。

ニーズの広がりや多様さは、細かく対応しようとすればするほど終わりのない探求となる。たとえば、従来は、汚物入れというのは女性トイレに必要なものとされていたが、近年は男性の尿失禁に対するパッドや紙おむつの使用に対応できるように、男性トイレにも汚物入れが必要だとの声が出てきているし、オストメイトにも汚物入れは必要である。

こうして多様で変化し続けるニーズに対応すればするほど、トイレの機能は複雑になり、必要な器具も増え、それに対応してより広い面積が必要となってくる。一方でこれまでのトイレ設計は、必要な室を取った後の残りの空間に押し込めるような発想で行われていることが多く、容易に面積を増やせる状況にはない。商業施設では女性や子ども連れの支持を得るためにトイレを充実させた例があるが、それ以外の施設では一般的ではない。

使えるトイレがないということは、社会に出ていけないということである。「誰一人取り残さない」という大きなテーマを考えるとき、誰もが同じように活躍できる社会にするために、トイレは必須の問題なのである。

（川内美彦）

（注1） Americans with Disabilities Act：障害のあるアメリカ人に関する法律
（注2） 高齢者、身体障害者等が円滑に利用できる特定建築物の建築の促進に関する法律
（注3） 高齢者、身体障害者等の公共交通機関を利用した移動の円滑化の促進に関する法律
（注4） 人工肛門、人口膀胱造設者
（注5） ハートビル法と交通バリアフリー法は2006年に合体してバリアフリー法（高齢者、障害者等の移動等の円滑化の促進に関する法律）となり、現在はハートビル法も交通バリアフリー法も廃止されている。バリアフリー法は建築物、公共交通、都市公園、道路などのアクセシビリティをカバーしており、それぞれの分野にガイドラインがつくられている。
（注6） 公共交通機関の旅客施設に関する移動等円滑化整備ガイドライン

〈参考文献〉

(1) 樫田良精（東京大学病院中央診療部）ほか「大学病院におけるリハビリテーションセンターの建築計画に関する考案（第4回日本リハビリテーション医学会総会）」『日本リハビリテーション医学会誌』4(4)、303-304、1968-8-18

２　障害のある人とトイレ

①不適切利用の問題

前節では、アクセシビリティ整備への取り組みがわが国のトイレの多様性を推し進めてきたことについて述べた。このように、多様なトイレニーズへの対応が進んできている中で、トイレを排泄《はいせつ》以外の目的で使う不適切利用は大きな問題である。

バリアフリー法では２０００㎡以上の「不特定かつ多数の者が利用し、又は主として高齢者、障害者等が利用する」建築物などには最低１か所の車いす対応トイレとオストメイト用汚物流しが求められているが、(注１)特に不適切利用の問題が深刻なのは、車いす対応トイレにおむつ替え施設やオストメイト用汚物流しを併設して「どなたでもお使いください」とした、いわゆる「多機能トイレ」である。

車いす対応トイレがまちのなかに少しずつ見られるようになってきたのは１９７０年代あたりからである。そしてその頃からすでに、長時間の占用、犯罪、未成年者の喫煙といった不適切利用の問題がつきまとっていた。車いす対応トイレは、男女の性別トイレから独立しておりプライバシーが高い。また異性介助が可能なように性別にかかわらず利用できるし、複数人で入れる広さもある。さらに、当時は外出する車いす使用者も少なかったからトイレを使用する人も少なく、安心して長時間の占用ができたのである。

②多機能トイレの発想

この問題に対して、施錠して車いす使用者など限られた人にのみ使えるようにすべきだという閉鎖的な考え方と、「どなたでもお使いください」として利用者を増やしてみんなで監視するという開放的な考え方があった。2000年に施行された交通バリアフリー法では後者を採り、そのガイドラインで車いす対応トイレの中にオストメイト対応とか乳幼児用設備を設けると述べて、「多機能トイレ」を打ち出した。そしてそれ以降は現在まで、多機能トイレがわが国の車いす対応トイレの標準形として定着してきている。「どなたでもお使いください」としたことで乳幼児連れがおむつ替えなどで利用することが増えたし、腰掛け式便器や手すりが整備されていることから高齢の人の利用も増えた。またもちろんオストメイトも使えるようになった。

ここで注目すべきは「紛れ」て使えるということである。オストメイトは外見からはわからないが、多くの人が就労などの社会生活を送っている。しかし、職場などでの偏見や冷遇を恐れて隠している人がけっこういる。こういう場合は、オストメイト専用トイレがあっても、周りにそれが知られることを恐れて使うことができない。一方で、多機能トイレは様々な人が使うからこそ、多くの人たちに紛れて目立たないで使うことができるのである。

同様のことは性的マイノリティにも言える。自分の性自認と異なるトイレを使うことは嫌だが、性自認に合うトイレでは周りの人との関係が厳しい。そんな中では男女共用になっている多機能トイレが、いろいろな人に紛れて使いやすい。

こうして多機能トイレをいろいろな人が使うようになると、車いす使用者から不満の声が出はじめた。「多機能トイレがいつも使用中になっていて使えない」、「あそこはもともと車いすのためのトイレなのに、車いす使用者が使えないのはおかしい」。

表　ニーズに対応した便所・便房と設備の組み合わせ

	車いす使用者対応	オストメイト対応	乳幼児連れ対応	大型ベッド対応	男女共用	多機能化の可能性
2000㎡以上の特別特定建築物	◎	◎	○	○	○	原則なし
50㎡以上の公衆便所	◎	◎	○	○	○	原則なし
上記以外の建築物	○	○	○	○	○	あり

（◎義務、○推奨（ニーズや規模に応じて整備）

③機能分散への転換

こういった声に応えて、2012年のバリアフリー法の建築設計標準では「機能分散」という考え方が提案され、個別機能を備えた便房（車いす使用者用便房、オストメイト用設備を有する便房、乳幼児連れ利用者に配慮した設備を有する便房）が示された。

2017年版の建築設計標準では、上記の個別機能を備えた便房に男女共用トイレも加わり、多機能トイレは「原則なし」とされた（表）。

車いす使用者の中にはトイレを我慢できない人が多くいて、使いたいときに使えないことは重大な問題である。しかし一方で、公共トイレは自分専用ではないのだから、待たなければならない場合があることも織り込んでおかなければならない。

車いす使用者に「トイレで待たされたとき、トイレから出てきた人が車いすを使用していなかったらどう思うか」と聞くと、「ムカつく」という答えが返ってくる。「車いすを使用していたらどう思うか」と聞くと「仕方ないと思う」という返事。相手が車いす使用者だと容認できて、車いす使用者でないと「ムカつく」ということは、自分と同類だと思われる人以外は排除しろと言っていることである。長年の当事者運動の中で「インクルーシブ」を訴えてきたはずなのに、こうした排他的な考えで設計標準に影響を与えたことは残念でならない。

④排泄以外の利用

　また、機能分散の考え方には重大な見落としがある。機能分散で想定している利用者はみんな排泄が目的だが、多機能トイレを排泄以外の目的で使う不適切利用をどうするかという視点がないのである。不適切利用は、私の観察では、排泄目的の利用よりも多く、また時として非常に長時間に及ぶ。私の観察に基づく多機能トイレの多様な利用状況を下図に示した。

　多機能トイレは様々な理由で使われているが、それらは、広いから、他のトイレから隔離されているから、アクセシビリティが整備されているから、他の人の利用に紛れ込んで使えるから、の４種類に大別できる。ほかに、緊急時でそこしか空いていな

多機能トイレの多様な利用

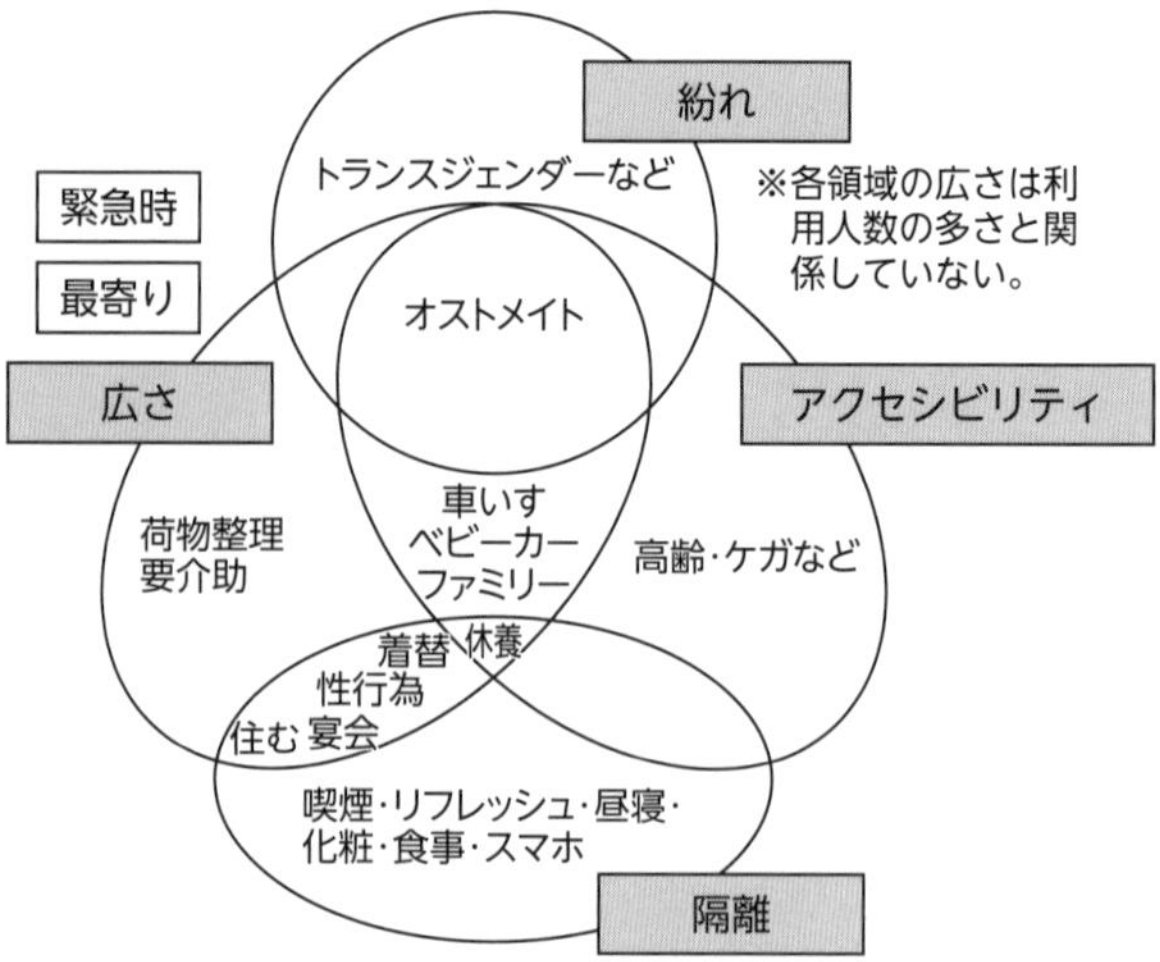

かったからとか、多機能にこだわりはないがたまたま最寄りのところにあったからという理由もある。図ではそれぞれの理由に応じてどのような使われ方がされているかを示しているが、建築設計標準が言う機能分散の対象は、オストメイトと乳幼児連れと異性介助であるから、それ以外の不適切利用を行う人はカバーしていない。

図の中で特に「隔離」の領域にあるのは、そこをプライバシーの確保された無料の空間として利用している人たちである。「休養」というのは急に気分が悪くなったりして、車いす対応トイレ内にある大型ベッドに横になる場合などを想定しているから、これは不適切利用には当たらないが、それ以外は、本来はトイレで行うような行為ではない。ではなぜそういったことをトイレで行わなければならないのだろうか。

私はここに、家を一歩出たらプライバシーのない状態に身を置き続けなければならない人たちの、社会の現実とのズレが表れていると考えている。たとえば職場においては、時として周りからの圧力だったり摩擦だったりで精神的な疲れがたまる。こうしたある種の緊張感を解きほぐすために、あるいは周りとの関係を断ち切るために、多機能トイレが利用されているると言えるのではないだろうか。

であるならば、これはトイレに関する問題ではあるが、トイレだけで解決できる問題ではないのではないか。少なくとも機能分散はその答えではないように思える。これまで、機能を追求し、効率を第一に考えてつくられてきた社会環境が、実は非効率を生んでいるのではないか。そう考えると、これまでの私たちの発想を大転換して、プライバシーを確保できる場を含んだ環境をつくりださなければ、問題の根本的な解決にはつながらないように思える。

⑤量の不足の問題

バリアフリー法の規定では、2000㎡以上の特別特定建築物（注2）には車いす対応トイレとオストメイト対応設備を1以上設けることが求められている。法は最低基準なのに、しばしば最高基準のように扱われる。この場合で言えば、1か所あればそれでいいと解釈され、実際にほとんどの建物では1か所しか設けられないから、車いす使用者やオストメイトは、使えるトイレを求めて建物内を探し回ったり、トイレに行くためにエレベーターで上下移動したりしなければならない。

わが国は、2013年に障害者の権利に関する条約（以下、権利条約）を批准したが、そこでは、「他の者との平等」という言葉を使って、「障害に基づく差別」を禁じている。「障害に基づく差別とは、障害に基づくあらゆる区別、排除又は制限」であり、他の人はその階の最寄りのトイレを使えるのに、障害のある人はエレベーターを使わなければならないというのは、明らかに平等ではないと私は思う。

機能分散した子育て用のブースやオストメイト用のブースは、従来からある一般ブースよりも大きくなる。オストメイトではオストメイト用の器具に加えて、人工肛門《こうもん》の人は排尿用の、人工膀胱《ぼうこう》の人は排便用の便器が必要となるし、衣服を着替える場所や着替え台が必要である。おむつ替え台の設備のあるブースでは、ベビーカーが入れるスペースが必要になるし、保護者が用を足す便器も必要になる。そのため、既存のブースの2つまたは3つを1つにしないとそれらのブースはできないから、面積的に大きくなる、あるいは、既存の便器数を減らすということになって、別の問題が生まれる。

機能分散が考えられたもともとの問題は、車いす対応トイレに様々な人の利用が集中して、そこしか使えるところがない人たちが使えないというところにある。トイレが1つしかない場合、ある人が長く使うと、後から来た人は長く待つことになるが、トイレが複数あると、1つのトイレが長く使われていても、別のトイレがあるので待ち行列はそれほど長くはならない。このように、トイレが1つあるのと、2つ以上あるのとでは、トイレの利用効率がまったく異なる。機能分散というのは、車いす対応、子育て対応、オストメイト対応というふうに、何種類かのトイレをつくろうという考え方であるが、面積の制約から、たいていのところではそれぞれを1つずつつくることになる。それは限られた面積を効率の最も悪い形で使うことを意味する。それよりも、多機能トイレを複数つくって、長く使う人も短くて済む人もみんなが使えるようにしたほうがトイレの利用効率が良くなり、使えないという不満の解決につながる。

問題の原因は、多機能トイレのそもそもの量が少ないところに多くの人が集まっていて、しかも1つしかないから利用が非効率になっているというところにある。したがって、量の不足こそが問題の根源にあるのだと私は考えている。

バリアフリー法の規定を見直して、多機能トイレを複数設けるようにしたほうが、実は、機能分散して何種類ものトイレをつくるよりも有効である。

なお、この機能分散は新築や増改築を行う場合などに適用されるため、すべてのトイレがすぐに機能分散に対応したものになるわけではないし、また、機能分散することは義務ではない。まちの中に、機能分散に対応したトイレと対応していないトイレが存在することになり、これは利用者にとっては混乱の元になる。

⑥気兼ねなく使えるトイレ環境を

このように、機能分散は実用面で考えると、様々な問題が想定される。しかし、機能分散を求める声が障害のある人の側から上がってきたことには様々な意味が含まれている。

車いす使用者には、自分を中心にした排他的な考えがあることはすでに指摘した。一方で、知的障害や発達障害のある人などを介助している家族や、性的マイノリティからは、「（多機能トイレは）もともとは車いす使用者のためのトイレだから、使うのに気兼ねがある」という声が出てくる。「どなたでもお使いください」となっているのだから堂々と使えばいいと思うのだが、終わって出たときにたまたま車いす使用者が待っていた時の気まずさや、中には冷たい視線もあるのであろう、それが利用への障壁となっていて、車いす対応とは別に男女共用トイレを求める声になったのである。

車いす使用者の中には、多機能トイレは自分たちのためにあると考えている人がいる。確かにもともとはそうだった。しかし図で示したように、たとえ不適切利用を根絶できたとしても、そこでなければ使えない人たちはたくさんいて、もはや車いす使用者のためだけのトイレではないことは明白である。様々な人がいて様々なニーズがあることを理解し、他の人に気兼ねなく使えるトイレ環境が求められている。

⑦トイレは社会参加のカギ

使えるトイレがあるかないかは、人としての尊厳をもって社会に出ていけるかどうかを左右する極めて大きな要素である。だから障害のある人の当事者運動において、トイレの問題は優先順位の高いものとされてきた。

40年くらい前には、車いすで使えるトイレがあるということ自体が珍しかったから、車いす使用者の外出は、いつ、どこでトイレを使うかという計画を立てるところから始まっていた。そういう点から言えば、今のように公共建築物はもとより、駅やコンビニでも車いす対応トイレがあるというのはきわめて大きな変化であり、そのぶん障害のある人の社会参加は容易になったと言える。

障害のある人の社会参加の運動は、障害があるがゆえに社会から取り残されることをいかに是正するかの長い歩みである。これはまさにSDGsの「誰一人取り残さない」という大目標と合致しており、それは障害のある人の問題というよりも、人の多様性の中の一つのカテゴリーとしての障害のある人が、多様性を実現するために声を上げているという文脈で考えられるべき問題である。

（川内美彦）

（注1）高齢者、障害者等の移動等の円滑化の促進に関する法律施行令

（注2）「不特定かつ多数の者が利用し、又は主として高齢者、障害者等が利用する」建築物などで、公立小中学校や特別支援学校など、病院、劇場、観覧場、集会場、展示場、百貨店、ホテルなど、公共に開かれたほとんどの建物が含まれている。

3　女性とトイレ

①トイレのない生活と取り残される人々

世界ではいまだに衛生的なトイレへのアクセスをもたない人々がいる。また、約5億の人々が習慣的に野外排泄《はいせつ》を行っていることは第2章第1節や本章第1節でも言及があったとおりである。

それでは、衛生的なトイレへのアクセスがないことが、人々にどのような影響をもたらしているのだろうか。日本にいるとあまり想像がつかないかもしれないが、トイレがないことは社会にとても大きなインパクトを与えている。たとえば、日常的な野外排泄により、身のまわりの生活環境が不衛生になってしまうことだけでなく、野外で用を足している合間を狙った暴行事件など、特に子どもや女性の尊厳やプライバシーを著しく傷つける出来事も残念ながら発生している。トイレがないために学校を休む女の子もいる。

本節では、このような背景から、第3章の大テーマである「誰一人残さない」の文脈の中でも特に「女性」に注目をする。また、「トイレの普及」と「女性の社会進出」は一見まったく違う領域の社会の取り組みだと捉えられがちかもしれないが、それらの関係性について考えていくことで、トイレの普及および女性の社会進出について、今後各国がどのようなことに注力していくべきかについても検討をしていきたいと思う。

②トイレの普及が意味すること

日本人が日常生活で「トイレ」という言葉を使うとき、便器や便座などが備わった排泄をする場所（個室）を意味する場合がほとんどである。しかし、世界には、前述のとおり、トイレのない生活をしている人々がいる。また、水を使わないトイレを使用している人々もいれば、日本の大半がそうであるように水洗式のトイレを日常的に使用している人々もいる。このように、実は、トイレにはいろいろな種類や段階があり、「トイレ」の言葉の先にイメージするものは、個々人が住む地域や環境によって異なる場合もあるのである。

表1は、トイレが安全で衛生的であるかどうかを、国際連合機関の世界保健機関（WHO）と国際連合児童基金（ユニセフ）がそれぞれのレベルごとに定義づけているものである（それぞれの段階の定義は、50〜53頁にて詳細な説明あり）。

WHOとユニセフは毎年、この定義に基づき、SDGsの目標6で掲げている水と衛生の分野における各国（2020年のデータは207か国）の進捗をあらわすデータを公表している。これは水と衛生の英語の頭文字をとってWASH（Water Supply, Sanitation and Hygiene）レポートともいわれる。このレポートからは、国ごとにおおよそ何%の人々が、下記の表のどのレベルのトイレへのアクセスをもつかを確認することができる[1]。

これ以降では、国際連合の定義に準じ「安全に管理されたトイレ」と「基本的なトイレ」へのアクセスが増えることを、トイレの普及と表現する。

③女性の社会進出を図る指標

つづいて、女性の社会進出については、世界経済フォーラム（World Economic Forum：WEF）が毎年発表をしている“The Global Gender Gap Report 2020”[2]における各国の男女格差を図るジェンダーギャップ指数（Gender Gap Index：GG

表1　JMP（WHOとユニセフの共同監視プログラム）が定める衛生施設（トイレ）の5段階レベル定義

SERVICE LEVEL サービスレベル	本書で用いる日本語訳	定義
SAFELY MANAGED	安全に管理されたトイレ	他の世帯と共有されず、排泄物がその場で安全に処理される、または敷地外に運ばれて処理される改善された衛生施設（トイレ）(※)
BASIC	基本的なトイレ	他の世帯と共有していない、改善された衛生施設（トイレ）(※)
LIMITED	限定的なトイレ	2つ以上の世帯で共有して利用している、改善された衛生施設（トイレ）(※)
UNIMPROVED	改善されていないトイレ	床板や足場がない竪穴式便所、吊り下げ式便所、バケツ式便所など
OPEN DEFECATION	野外排泄	道ばたや野原、森林、茂み、開放水域、浜辺、その他の野外で排泄をすること

（※）「改善された衛生施設（トイレ）」とは、人間が排泄物と接触しないよう、衛生的に設計された衛生施設（トイレ）のこと。たとえば、下水あるいは浄化槽につながっている水洗トイレ（水を汲んで流す方式、換気式トイレを含む）、足場付きピットトイレ、コンポストトイレなど。

出典：WHO and UNICEF, Estimates on the use of water, sanitation and hygiene by country (2000-2020) より、白倉正子・戸田初音が作成

I）を参考値とする。

この指数は、「経済」「政治」「教育」「健康」の4つの分野から形成されており、0が完全不平等、1が完全平等を示す。つまり、値が0に近いほど男女の格差が広い状態であり、1に近づくほど、男女の平等が実現されている状態を示す。それぞれの分野を構成する指標は表2のとおりである(3)。

これらの定義に基づき、「トイレの普及」と「女性の社会進出」の関係性について考えていくことにする。

表2　GGIを構成する4つの分野とその指標

分野	指標	出典
経済	労働参加率の男女比	ILO「主要労働市場指標」
	同一労働における賃金の男女格差	世界経済フォーラム調査
	推定勤労所得の男女比	世界経済フォーラム独自算出
	管理的職業従事者の男女比	ILO「ILOStat」データベース
	専門・技術職の男女比	ILO「ILOStat」データベース
教育	識字率の男女比	UNESCO「教育統計」、UNDP「人間開発報告」
	初等教育就学率の男女比	UNESCO「教育統計」
	中等教育就学率の男女比	UNESCO「教育統計」
	高等教育就学率の男女比	UNESCO「教育統計」
保健	出生時性比	国連「World Population Prospects: The Revision」
	平均寿命の男女比	WHO「Global Health Observatory」データベース
政治	国会議員の男女比	列国議会同盟「Women in Politics」
	閣僚の男女比	列国議会同盟「Women in Politics」
	最近50年における行政府の長の在任年数の男女比	世界経済フォーラム独自算出

表©toda hatsune 2022
出典：WEF, Global Gender Gap Report 2020より作成

④トイレの普及と女性の社会進出の関係について

はじめに、「トイレの普及」と「女性の社会進出」の間に何かしらの関係性があるかどうかを確かめるために相関分析を行った。相関分析とは、２つのデータの関連性を表す分析手法である。関係性の強さは相関係数により判断をすることができ、相関係数が１に近づくほど正の相関（＝一方のデータが増加すると、もう一方も増加をする関係）を表し、マイナス１に近づくほど負の相関（＝一方のデータが増加すると、もう一方が減少する関係）を表す。

トイレの普及に関しては、ＷＡＳＨレポート２０２０年のデータを用いた。また、女性の社会進出については、“The Global Gender Gap Report 2020”のジェンダーギャップ指数（ＧＧＩ）を参照した。それぞれのデータに共存する１４３か国のデータを対象に相関分析を行った結果が、表３である。

表３の分析結果からわかるように、トイレの普及率とＧＧＩ（総評：４つの分野の総合点）は、相関係数が約０・２９と弱い正の相関があると考えられる。また、ＧＧＩの構成分野ごとにみていくと、４つの分野の中でも教育分野とトイレの普及率の相関係数が約０・７という結果が出ており、最も強い正の相関関係が表れていることがわかる。これは、トイレの普及が進んでいる国において、男女の教育平等が実現されている傾向があり、その逆もまた然りであることを意味する（図１）。

一方で、トイレ普及率とＧＧＩ経済分野は負の相関を表す分析結果となった。これは、トイレの普及が進んでいる国において、労働参加率や同一労働における賃金など男女の経済平等が実現されていない傾向を示し、その逆も同様に言えることを意味する。

表5に記載の基本的なトイレの普及率のランキングをみていくと、いわゆる先進国といわれる一人あたりの国内総生産（Gross Domestic Product: ＧＤＰ）が高い国々、経済協力開発機構（Organization for Economic Cooperation and Development: ＯＥＣＤ）加盟国が上位に並び、下位には後発開発途上国（Least Development Country: ＬＤＣ[注1]）の国々の名前が並んでいる。一方で、ＧＧＩ経済分野のランキ

表3　EXCEL CORREL関数を用いた相関分析結果

相関分析に用いた2つのデータ	相関係数
トイレ普及率とGGI（総評）	0.2943
トイレ普及率とGGI（経済）	−0.0459
トイレ普及率とGGI（政治）	0.1656
トイレ普及率とGGI（教育）	0.7139
トイレ普及率とGGI（健康）	0.0047

表4（表3の補足）　相関係数の読み解き

相関係数	解釈
−1〜−0.7	強い負の相関がある
−0.7〜−0.4	負の相関がある
−0.4〜−0.2	弱い負の相関がある
−0.2〜0.2	ほとんど相関がない
0.2〜0.4	弱い正の相関がある
0.4〜0.7	正の相関がある
0.7〜1.0	強い正の相関がある

表© toda hatsune 2022
出典：WHO and UNICEF, Estimates on the use of water, sanitation and hygiene by country 2000-2020, WEF, Global Gender Gap Report 2020より作成

ングをみていくと、必ずしも上位に先進国、下位に途上国という順番にはなっていないことがわかる。一人あたりのＧＤＰの大小にかかわらず、宗教などの文化的要素が経済格差の背景になっているという見方をすることもできる。

　こういった背景によりトイレの普及率とＧＧＩ経済分野の間に負の相関がある分析結果になっているのだと推測するのだが、それを現実の世界に当てはめて考えたとき、経済活動に男女ともに参画している社会においてトイレの普及が進んでいない傾向があるというのは、不自然に感じる。人間は生存のために飲み食いをするからには排泄をする仕組みになっており、そのため、トイレは人の数だけ必要といっても過言でないほど社会

図1　トイレ普及率とGGI教育分野の関係（散布図）

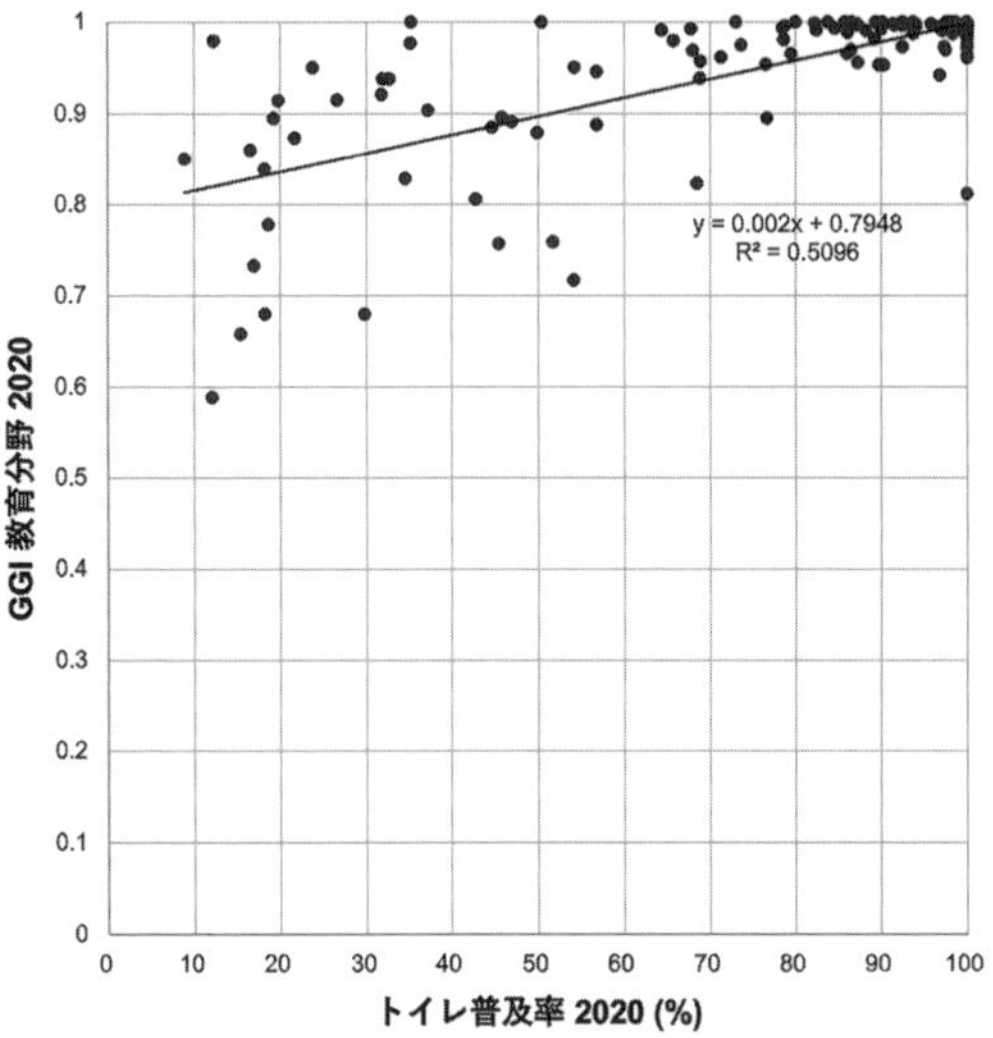

図©toda hatsune 2022
出典：WHO and UNICEF, Estimates on the use of water, sanitation and hygiene by country 2000-2020, WEF, Global Gender Gap Report 2020より作成

に欠かせない施設である。その意味で、ＧＧＩ経済分野のほか、トイレの普及率との相関がない分析結果になった政治、健康の分野においても、さらなる検証が必要であると考えている。

⑤女性の社会進出が、トイレの普及に寄与しているのか？　その因果関係とは

ＧＧＩの構成分野によって相関分析の結果にはバラつきがあったものの、トイレの普及率と教育分野にお

表５　基本的なトイレの普及率(左)およびGGI経済分野2020ランキング(右)

ランキング	基本的なトイレの普及率2020（%）	GGI経済分野2020（０～1, 0＝完全不平等, 1＝完全平等）
Top 1	オーストラリア、日本、サウジアラビア、アメリカほか33か国(100)	ベニン(0.847)
2	ギリシャ、アイスランド、タイ、フランス(99)	アイスランド(0.839)
3	コスタリカ、モンテネグロ、オランダほか11か国(98)	ラオス(0.839)
4	チュニジア、エジプト、ヨルダンほか2か国(97)	バハマ(0.838)
5	ベネズエラ(96)	ブルンジ(0.837)
6	リトアニア、アルメニア、コロンビアほか2か国(94)	ザンビア(0.831)
7	パラグアイ(93)	ラトビア(0.810)
8	ラトビア、メキシコ、中国、エクアドル(92)	バルバドス(0.808)
9	キューバ、アイルランド(91)	ギニア(0.808)
10	イラン、ブラジル、スリナム、シリア(90)	ノルウェー(0.798)
・・・	・・・	・・・
10	マラウイ(27)	モーリタニア(0.411)
9	ガーナ(24)	ヨルダン(0.408)
8	ブルキナファソ(22)	モロッコ(0.405)
7	ウガンダ(20)	イラン(0.381)
6	パプアニューギニア、トーゴ(19)	サウジアラビア(0.375)
5	ギニア、リベリア(18)	インド(0.354)
4	ベニン、シエラレオネ(17)	パキスタン(0.327)
3	コンゴ民主共和国(15)	イエメン(0.273)
2	マダガスカル(12)	シリア(0.249)
Worst 1	エチオピア(9)	イラク(0.227)

表© toda hatsune 2022
出典：WHO and UNICEF, Estimates on the use of water, sanitation and hygiene by country 2000-2020, WEF, Global Gender Gap Report 2020より作成

ける男女平等が正の相関関係をもつ結果に対して、どちらがどちらの原因になっているのか、というのはとても気になるところである。相関関係は2つのデータの関連性を分析できるものの、原因と結果を分析する因果関係とは異なるため、データからは何とも言えない部分が多いが、各国の事象に基づいて、その因果関係についてもう少し考えていきたいと思う。

⑥日本におけるトイレの普及と女性の社会進出

平安時代には、貴族は「樋箱《ひばこ》」といった木製の箱をトイレとして使用していた記録もあるが、庶民は高下駄を履き、木の棒をトイレットペーパーの代わりにし、野外で排泄をしていた様子が当時の絵巻物「餓鬼草紙《がきぞうし》」に描かれている。そんな庶民も江戸時代には「惣後架《そうごうか》」という汲《く》み取り式の共同トイレを長屋で使用していたそうだ（TOTOミュージアム展示より）。このように日本では古くからトイレを使用して排泄をする習慣があったと考えられる。現に、国際連合による初期のWASHレポートのデータをたどっても、2000年に日本は基本的なトイレの普及率が100％という記載がある。(1)また、現在においても、訪日外国人のおもてなしとしても独自のトイレ文化を確立しているように、たしかに日本はトイレ先進国である。しかし、一方で、女性の社会進出に関しては、安倍政権の成長戦略の中核として「ウーメノミクス（Womenomics）(注2)」が掲げられたように、今もなおより積極的な取り組みが求められる分野である。

そんな日本において、改めてトイレの普及と女性の社会進出の関係性について考えていくわけだが、たとえば、男女雇用機会均等法が施行された１９８６年の日本では、かつてより多くの女性が職場に参入するようになったことにより、建物のトイレ設置義務の観点からオフィスなどでの女性用トイレの増設が行われる場面もあったことが容易に想像できる。また、１９８７年にデパートのトイレに初めて「パウダールーム」が備えられたことや、１９８８年に「音姫《おとひめ》」の名前で親しまれているトイレ用擬音装置をＴＯＴＯが発売しはじめたことなど、女性に特化された化粧室の機能がひろまったのもちょうどこの頃であったと考えられる。さらに、女性活躍担当大臣が２０１４年に新設され、有村治子氏が就任をしたのち、暮らしやすい空間づくりの象徴としてトイレがフォーカスされ、快適なトイレを増やすための様々な取り組みとして「ジャパン・トイレ・チャレンジ」が進められることになった。

このように、日本においては、女性の社会進出に向けた社会的な動きが、女性のトイレの普及や整備に寄与したのではないかと考えることができる。

⑦開発途上国におけるトイレの普及と女性の社会進出

一方で、日本とは対照にトイレの普及が遅れている南アジアやアフリカのサハラ以南などの開発途上国の状況についても考えていきたい。

開発途上国におけるトイレの普及の遅れと女性の関係では、トイレがないために学校を休む女子生徒がいる、という問題がよく取り上げられる。この背景には、「用を足している姿を他の人に見られたくない」という人間だれしもに働くであろう心理に加え、思春期で月経を迎える女子にとっては非常にセンシティヴな事情があり、切実な問題になっている。学校を休むうちに授業についていけなくなる場合もあり、トイレがないことが教育にも大きな影響を及ぼしている。実際に、ユニセフによると、アフリカ大陸に暮らす女の子の10人に1人は、トイレがないという理由から生理中に学校を休んだり、退学したりしてしまうという調査結果も報告されている[1]。

この問題に対して、たとえば、世界で最も野外排泄を習慣的に行う人口の多い国の一つであるナイジェリアでは、学校にトイレを設置することによって状況を改善した例がある。ナイジェリアでトイレを備えている学校は全国の10％ほどであり、他のアフリカ諸国でも同じ状況があるように、女子生徒のほとんどの退学理由がトイレがないことに起因するものであった。ユニセフが２０２１年11月に発表をした記事によると、これらのトイレ問題に焦点をあてたユニセフと地元コミュニティによりナイジェリア南部・ベニュー州の学校にトイレが設置された。同記事には、実際にベニュー州で暮らす11歳の女子生徒のインタビューが載っており、トイレが彼女らの生活に与える影響の大きさについても語っている。[4]

このように基本的なトイレへのアクセスがない開発途上国においては、たとえば、「学校にトイレがなく、女の子の教育阻害になっている」という問題を「トイレをつくる」ことで改善することができる。その課題解決の物理的な順番としては、①トイレをつくる、②女の子が学校に行けるようになる、かもしれないが、「トイレをつくる」背景には、女の子が学校に行けるようになり男女ともに平等に教育の機会を享受できるようするため、という想いがあると考えることができる。

このような状況から、開発途上国においてトイレを普及するということは、衛生面だけでなく、男女の教育格差を改善するためにも大きな意味をもつと考えられる。現に、ナイジェリアの例にあったように、女子生徒が学校に行けるようにするためにトイレを設置するケースもある。このことから、トイレの普及が遅れている国々においても日本と同様に、女性の社会進出に向けた社会的な動きが、トイレを普及するきっかけの一つになっていると考えることができる。

⑧トイレの普及は女性の社会進出のための十分条件ではないが、必要条件である

前述の相関分析の結果や、社会的な出来事をたどった考察により、トイレの普及と女性の

社会進出の関係は、図2のように表すことができるのではないかと考えている。

女性の社会進出を後押しするために取り組むことができる分野は色々とあると思うが、その中でも男女の教育格差をなくすことは重要な役割を果たす。読み書きを習うだけでなく、同世代と切磋琢磨《せっさたくま》し物事について考えることは、協力や思いやりなどのソフトスキルをも習得する機会になり、将来を切り開く鍵となる。そして、本節では、その男女の教育格差をなくすためにトイレの存在がどれだけ重要な役割を果たすかということについても考えてきた。トイレは、教育分野での男女格差のすべてを解決するわけではないが、トイレがあることで学校に行けるようになる女子生徒がいる。このことから、トイレの普及は女性の社会進出のための十分条件ではないが、必要条件であると考える。

図2　女性の社会進出とトイレの普及の関係

©toda hatsune 2022

⑨誰一人取り残さない――トイレ１００％普及と女性の社会進出の推進を目指して

教育の重要性は、多くの人が語ってきたことだろう。人は、生まれた地域、家庭、性別を問わず、誰もが教育を受けることができ、その権利を与えられるべきであると思う。そして、教育と同じくらい、トイレも重要視されるべきであると思う。人は、生まれた地域、家庭、性別を問わず、誰もが基本的なトイレへのアクセスをもつべきである。

ＳＤＧｓの目標６には、水とトイレに関する達成目標が掲げられている。具体的には、６つの達成目標があり、特にトイレに関しては、ターゲット２に「２０３０年までに、だれもがトイレを利用できるようにして、野外で用を足す人がいなくなるようにする。女性や女の子、弱い立場にある人がどんなことを必要としているのかについて特に注意する」ことが記載されている。そして、これらの達成目標を実現するために、「２０３０年までに、集水、海水から真水をつくる技術や、水の効率的な利用、排水の処理、リサイクル・再利用技術など、水やトイレに関する活動への国際協力を増やし、開発途上国がそれらに対応できる力を高める」および「水やトイレをよりよく管理できるように、コミュニティの参加をすすめ、強化する」ことが掲げられている。[5]

このように、私たち人類が生きるために欠かせない源である「水」と「トイレ」がＳＤＧｓの目標６の中で共に語られていることは、非常に重要な意味をもつ。私たちは水を飲まなければ生きていけない。そして、水を身体に取り入れるからには、身体から出す行為も同時に必要である。そして、その行為の受け皿になるのがトイレなのである。そのため、世界中のすべての人々が、その地域、家庭、性別を問わず、基本的なトイレにアクセスできる権利をもつ。だからこそ、トイレの存在が軽視され普及が後まわしになってしまうこと、ましてや、野外排泄時を狙った暴行事件などが起きてしまうことは、とても悔しいことである。誰一人取り残さない社会をつくるために、トイレを。改めて女性の社会進出にはトイレが重要なエレメントの一つであることを強調して本節を締めくくりたい。

（戸田初音）

（注1）国連開発計画委員会（CDP）が認定した基準に基づき、国連経済社会理事会の審議を経て、国連総会の決議により認定された特に開発の遅れた国々。3年に一度LDCリストの見直しが行われる。(6)

（注2）公益財団法人日本女性学習財団の解説によると、ウーマンとエコノミクスを組み合わせた造語で、働き手・消費者としての女性の活躍・牽引による経済活性化を指す。ゴールドマン・サックス証券(株)のキャシー・松井氏が1999年から提唱。

〈参考文献・出典〉

(1) WHO and UNICEF (2021). Progress on household drinking water, sanitation, and hygiene 2000-2020　https://washdata.org/sites/default/files/2021-07/jmp-2021-wash-households.pdf
(2) World Economic Forum (2019). Global Gender Gap Report 2020　https://www.weforum.org/reports/gender-gap-2020-report-100-years-pay-equality
(3) 男女共同参画局ホームページ「男女共同参画に関する国際的な指数」　https://www.gender.go.jp/international/int_syogaikoku/int_shihyo/index.html
(4) UNICEF (2021 Nov 19). Toilets help keep children, especially girls, in school　https://www.unicef.org/nigeria/stories/toilets-help-keep-children-especially-girls-school
(5) 日本ユニセフ協会ホームページ「持続可能な開発目標 (SDGs) とターゲット」　https://www.unicef.or.jp/sdgs/target.html
(6) 外務省ホームページ「後発開発途上国」　https://www.mofa.go.jp/mofaj/gaiko/ohrlls/ldc_teigi.html

4　性的マイノリティとトイレ

(1)——トイレの課題を理解するための基礎知識

①LGBTと性の多様性

２０１５年11月５日、東京都渋谷区および世田谷区は、全国に先駆けて「パートナーシップ証明書」の交付を開始した。同性婚が法的に認められていない日本において、一定の条件を満たした場合にパートナーであることを証明するものである。このニュースをきっかけに「LGBT」という言葉を知った人も多いのではないだろうか。LGBTとは、性的マイノリティを表す総称のひとつであり、レズビアン（Lesbian：女性同性愛者）、ゲイ（Gay：男性同性愛者）、バイセクシュアル（Bisexual：両性愛者）、トランスジェンダー（Transgender：性別越境者）の英語の頭文字を組み合わせたものである。最近では、クエスチョニング(注1)やクイア(注2)のQを加えた「LGBTQ」、さらに包摂的に「LGBTQ+（プラス）」と表すこともある。

マスメディアでは「LGBT」とひとくくりにされることが多いが、LGBは「性的指向

(Sexual Orientation)」のマイノリティ、Tは「性自認（Gender Identity)」のマイノリティという大きな違いがある。性的指向とは、「恋愛・性愛対象がどのような性別・アイデンティティの人に向くか（または、向かないか）の概念」であり、性自認とは「自分の性別をどう認識しているかの概念」である（表）。これらは誰もが持ち合わせる要素であり、両者の英語の頭文字を取ってSOGI（ソジ）という。この「性自認」と「出生時に付けられた性別」（表）が〝一致しない人〟の総称がトランスジェンダーである。

なお、「出生時に付けられた性別」が女／男の二者択一であるのに対し、性自認はいわば「グラデーション」である。たとえば、「どちらかといえば女性／男性」という人や、「男女どちらでもない」「性別を決めたくない」という人もいる。つまり、トランスジェンダーの中にも様々な人がいるのである。また、出生時に付けられた性別に対し、不一致や違和感を覚えることを「性別違和」というが、違和の度合いもまた人により様々で、違和感が非常に強く、苦悩する人に対して使われる医学的な診断名が「性同一性

表　多様な性

	出生時に付けられた性別 Assigned Gender	男性　女性	出生時の生物学的な性をもとに判断された性別で、男性/女性の二者択一。日本では出生届をもとに戸籍や住民票などに記載されるため、社会生活に大きな影響がある。
性の4要素	生物学的な性 Sex Characteristics	男性　女性	解剖学的・遺伝学的な身体の性別、性的特徴※。 ※外性器からは男女の判断が難しい、性分化疾患の人もいる。
性の4要素	性自認 Gender Identity	男性　女性	自分の性別をどう認識しているかの概念。「心の性別」ということも。
性の4要素	性的指向 Sexual Orientation	男性　女性	恋愛・性愛対象がどのような性別・アイデンティティの人に向くか、（または、向かないか）の概念。
性の4要素	性表現 Gender Expression	男性　女性	服装や髪型、仕草、言葉づかいなどで、性別をどう表現するか。

障害」である。(注3)

②性的マイノリティの人権保障とトイレ

近年、性的マイノリティの人権保障が国際的に大きなテーマとなっている。この章のテーマである「誰一人取り残さない（Leave No One Behind）」はSDGsのスローガンであるが、この「誰」の中には当然性的マイノリティも含まれる。実際、SDGsが採択された2015年当時の国連事務総長であった潘基文《パン・ギムン》は、インタビューにて「この『誰』の中にはLGBTも含まれる」という趣旨の発言をしている。(注4)

そうした中、日本においても少しずつ動きはみられる。たとえば、2016年の国家公務員の人事院規則のセクハラ防止規定に(注5)「性的指向や性自認に基づくハラスメント」が防止対象として含まれ、さらに2019年の東京都の条例(注6)では、差別の禁止が定められた。しかし、現在の日本には性的マイノリティの人権を保障する「法律」はなく、社会生活上の困難を抱える人も少なくない。その困難のひとつが、外出先のトイレ利用（アクセス）である。この「トイレへのアクセス」は、第1章第2節でも述べられているように、人権のひとつである。

ところで、性的マイノリティのトイレ利用において、LGBTの人々が一様に困難を抱えているわけではない。(株)LIXILと認定NPO法人虹色ダイバーシティが2015年に実施した調査(注7)（以下「調査」）にて、職場や学校のトイレ利用で困ることやストレスを感じることの有無を尋ねたところ、常に／時々を合わせて「ある」と回答したLGBは16・5％であったのに対し、Tは64・9％にのぼった。この結果より、LGBTの中でもトイレ利用に特に困難を抱えているのは、「性自認」のマイノリティであるTのトランスジェンダーであることがわかる。日本の公共施設のトイレは、小規模店舗や多機能トイレ（第3章第1節および第2節参照）などを除き「男性用／女性用」に分かれていることが一般的であり、男女別のトイレを利用する際には「性的指向」よりも「性自認」が問題となることが推察される。なお、ストレスを感じる理由として、LGBでは「温水洗浄便座がついていない」「混雑している」という回答が目立ったが、これらは「性的指向」に起因するものとはいえない。また、「性表現（160頁の表参照）が非典型的なため、男女別のトイレに入りにくい」という回答もみられたが、これは異性愛者でも同様のケースがあると考えられる。

また、この調査から、トランスジェンダーの多くが「利用したいトイレが利用できていないこと」が明らかとなった。たとえば、「出生時に付けられた性別のトイレ」を利用するか、「自認する性別のトイレ」を利用するかの選択で困難を抱える人もいる。男女に分かれたトイレを利用しづらいことから、性別を問わない「多機能トイレ」を利用する人、さらに、車いす使用者や乳幼児を連れた人への気兼ねから、多機能トイレも利用しづらいと感じる人や、あきらめて我慢する人もいる。中には、我慢することが原因で健康を害してしまう人もいる。つまり、トイレへの「アクセス」自体が問題となっているのである。

もうひとつ、トランスジェンダーのトイレ利用問題を難しくしている要因として、困難が「可視化されにくい」という点がある。そのため、「周囲の理解を得にくい」といった問題が出てくる。これはオストメイトなど内部障害のある人にもいえることだが、たとえば多機能トイレを利用する場合、車いす使用者や乳幼児連れ、あるいは高齢者などのように「目に見えるわかりやすい存在」ではないため、周囲から「(健常者なのに)なぜ使うのか?」と思われるのではないかと不安に感じる人もいる。調査でも、実際に他者から注意を受けたケースが報告されている。その度に、自身の性自認について説明するか否かの選択を迫られる恐れがあり、その心理的な負担は想像に難くない。

③公共施設のトイレと職場・学校のトイレ

前述した「利用したいトイレが利用できていない」という傾向は、公共施設よりも職場・学校のほうが強かった。これは、不特定多数の人が利用する、いわば「一期一会的な利用」である公共施設のトイレに対し、オフィスや学校のトイレは「ほぼ毎日、顔見知り同士で同じトイレを利用する」という利用状況の違いがもたらすものと考えられる。オフィスや学校の場合は、たとえば、利用したいトイレを利用するために自身がトランスジェンダーであることをカミングアウトしなくてはならないケースや、多機能トイレを利用したり、自認する性別のトイレを利用したりすることに周囲の理解がなかなか得られないケースなど、深刻な課題を伴うことがある。こうしたことから、特定（多数）の人が利用する職場や学校のトイレの場合は、よりデリケートな課題を含んでいることが推察される。

（日野晶子／監修＝岩本健良）

（注1）自己のジェンダーや性的指向が決まっていない人や模索している人。

（注2）元は「不思議な」「奇妙な」などを表す侮蔑的な言葉だが、１９９０年代以降性的マイノリティ全体を包摂する用語として肯定的に使用されている。

（注3）英語ではGender Identity Disorderという。ＧＩＤと略されることもある。世界保健機関（ＷＨＯ）の国際疾病分類（ＩＣＤ）では長年「精神疾患」に分類されていた。ＷＨＯはこれを不適切であるとして、第11版への改訂の際にGender Incongruenceと再定義し、２０１９年に正式承認された。仮和訳は「性別不合」。

（注4）Fabíola Ortiz：UN Secretary-General Explains Significance of 2030 Global Goals, IDN-InDeothNews, 2015.10.14.（https://archive-2011-2016.indepthnews.net/index.php/component/content/article/7-global-issues/2482-un-secretary-general-explains-significance-of-2030-global-goals 最終閲覧日：２０２

2年7月12日）
（注5）人事院規則10-10（セクシュアル・ハラスメントの防止等）
（注6）東京都オリンピック憲章にうたわれる人権尊重の理念の実現を目指す条例
（注7）ＬＩＸＩＬ、虹色ダイバーシティ「性的マイノリティのトイレ問題に関するＷＥＢ調査」２０１5年

(2)――トランスジェンダーの困りごとから、今後のトイレのあり方を考える

前項で、トランスジェンダーの中にはトイレを利用する際に、どのトイレを利用するかの選択で困難を抱えたり、他人に気兼ねをしながらトイレを利用（または利用を我慢）したりしている人がいることを紹介した。また、それらは顔見知り同士で利用するオフィスや学校で、より多く起きている。そこで、この項ではオフィスのトイレを事例にとり、筆者ら金沢大学、コマニー(株)、(株)ＬＩＸＩＬが２０１７年に実施した調査（注1）をもとに、トランスジェンダーが実際にはどのトイレを利用しているのか、そして本当はどのようなトイレを利用したいと思っているのかということから、今後のトイレのあり方を考えていく。

①トランスジェンダーがオフィスで実際に利用しているトイレ、利用したいトイレ

この調査(注1)では、オフィスではトランスジェンダーの82・０%が男女に分かれた男子／女子トイレをそれぞれ利用している。残り６・０%が多機能トイレ、11・０%が男女共用トイレを利用し、オフィスのトイレは利用しない・我慢するとの人も１・０%いた（図１）。

では、本心としてはどのトイレを利用したいと思っているのだろうか。「どのトイレを利用したいか」と希望を尋ねると、トランスジェンダーの64・５%が男子／女子トイレ、17・４%が多機能トイレ、17・７%が男女共用トイレを希望した（図１）。実際に利用しているトイレ「実態」と、本当は利用したいトイレ「希望」で、これほどの差があるのである。この結果から、オフィスでのトイレ利用の希望と実態が一致していない割合を算出すると、実に38・８%もの人が一致していなかった（図２）。

こういったことはなぜ生まれるのだろうか。トイレ利用以前の問題として、トランスジェンダーがそもそも、自身が働きたいと思う

図１　トランスジェンダーがオフィスで利用しているトイレと利用したいトイレ

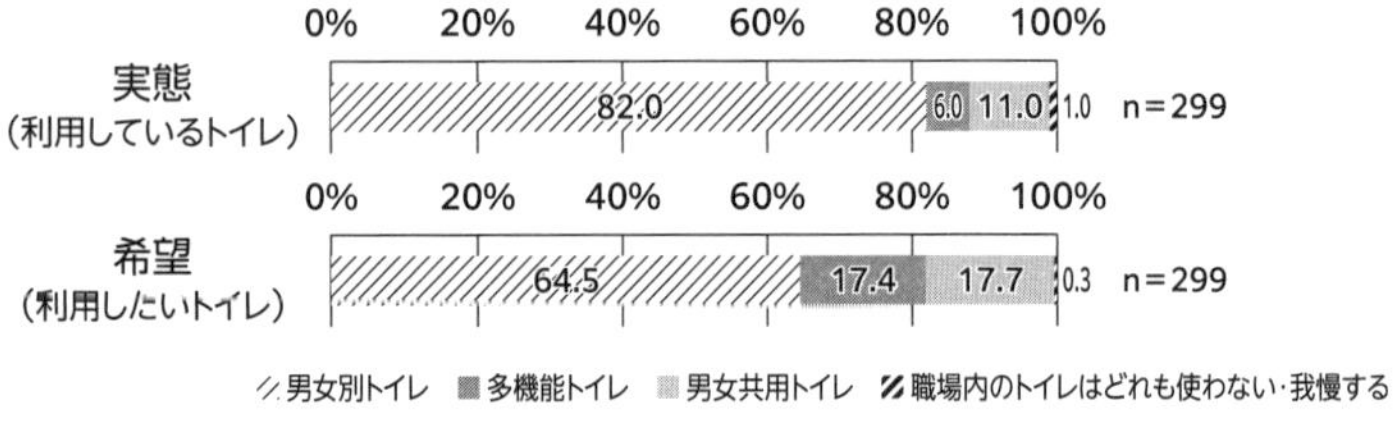

性別で働くことができていないということが起こっている。この調査[注1]では、性別違和への対応（ホルモン治療や性別適合手術、戸籍性別の変更など）状況は人により様々で、また、職場ではカミングアウトをしていないなどから、自身が希望する性別で働くことができていないトランスジェンダーは42・4％もいた。ＬＧＢＴ法連合会がトランスジェンダー当事者の声をもとに作成した「性的指向および性自認を理由とするわたしたちが社会で直面する困難のリスト」第３版[注2]でも、「性的指向や性自認を理由に、解雇や内定取り消しをされたり、辞職を強要された」「性的指向や性自認に関するいじめ・ハラスメントにより休職・辞職に追い込まれた」など、トランスジェンダーに限らず性的マイノリティの就業の難しさが浮き彫りになっている。トランスジェンダーが利用しやすいトイレを考えていくには、トイレの整備だけでなく、職場全体、さらには社会全体での意識改革も必要である。

②意識改革の重要性

オフィスで利用したいトイレを利用できていないトランスジェンダーにその理由を尋ねると、「自認する性別のトイレを利用したいが、嫌がる人がいる」「自認する性別のトイレを利用

図2　トランスジェンダーのトイレ利用の希望と実態の一致度

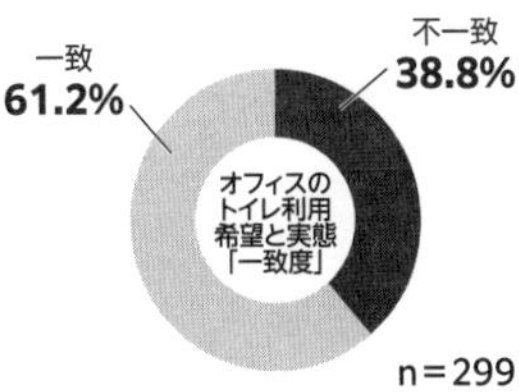

したいが、会社から許可されなかった」などの声があがり、周りの人の意向や職場（人事や上司など）からの指示で利用できていない実態が見えてきた。

経済産業省のトランス女性職員（出生時に付けられた性別は男性、自認する性別は女性）のトイレ利用に関する裁判も、職場からの指示をめぐるものであった（２０２２年２月現在、最高裁にて係争中）。このトランス女性職員は性同一性障害と診断され、女性ホルモンの投与や身なり（服装、髪型および化粧）などにより容姿を女性に近づけ、職場の内外で男性に間違われることはなかったとのことである。そして、健康上の理由で性別適合手術を受けていないため戸籍性別は男性であった(注３)ものの、職場との話し合いを重ね、女性職員として勤務をし、更衣室においては女子更衣室の利用が認められていた。しかし、トイレにおいては「戸籍上の性別が男性のままで女性用トイレを利用することは、他の女性職員に対するセクハラになりうる」として、自身が働くフロアの女子トイレの利用が認められず、２階以上離れたフロアの女子トイレの利用を指示された。これは、他の職員から抵抗感や違和感を述べる声が存在していたからとのことである。(注４、注５)

そこで、トランスジェンダーが自認する性別のトイレをオフィスで利用することを、マジョリティ側であるシスジェンダー（出生時に付けられた性別と自認する性別が一致する人）はどのように思っているのかを尋ねた結果を紹介する。６割以上の人が「（どちらかといえば）抵抗はない」と答えている一方、（どちらかといえば）抵抗がある人も一定数存在した。その抵抗を感じる理由として多かったのが、「なんとなく」「トランスジェンダーが身近にいないのでわからない」といった、トランスジェンダーを知らないことによるものである。

最近は、性的指向や性自認に関する差別禁止を社訓や就業規則で明文化したり、研修を行ったりする企業も増えてきた。こういった、トランスジェンダーを含めて性的マイノリティについて知ることがどれぐらいの意識改革につながるのだろうか。性的マイノリティに関する研修を実施している企業に勤めている人と、実施していない（実施しているが回答者がそれを知らない場合も含む）企業に勤めている人で、トランスジェンダーが自認する性別のトイレを利用することに対する意識を比較すると、「抵抗はない」との回答が、実施している企業で働いている人のほうが11・8ポイントも上昇した（図3）。この調査では、回答者本人がその研修を受講したかまでは尋ねていない。企業と

図3　トランスジェンダーが自認する性別を利用することへの意識
（企業での研修有無による比較）

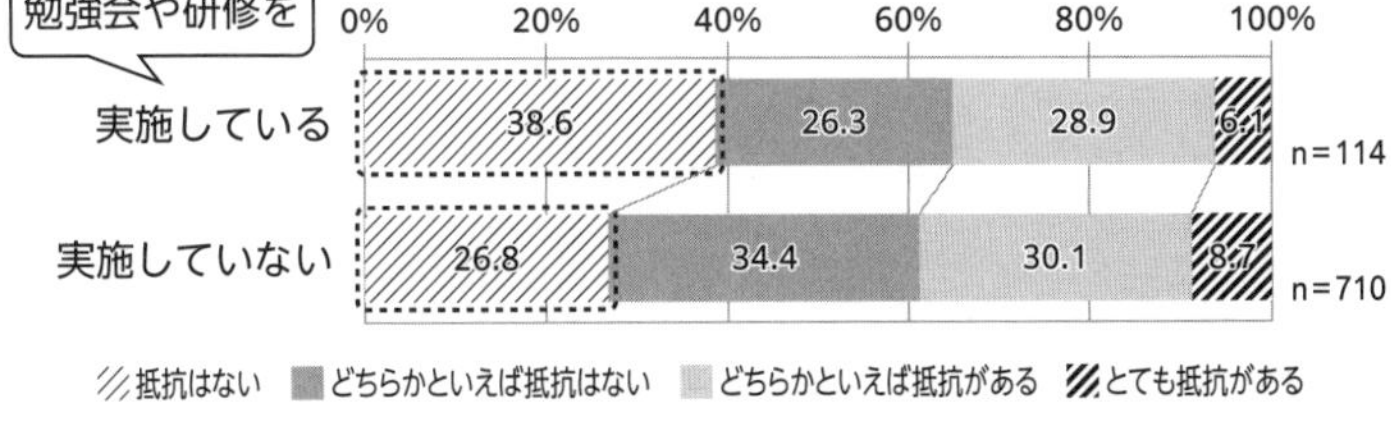

して研修は行っているが、受講していない回答者がいることも想定される。それを考えると、より多くの人が研修などにより性的マイノリティに対する正しい知識をもつことで、トランスジェンダーのトイレ利用に対する抵抗感を減らすことができると推測される。

③選択肢の必要性と、新しい選択肢としての男女共用トイレ

前項(1)で紹介したとおり、性自認はグラデーションで女／男の二者択一ではない。これはトランスジェンダーも同様で、女／男と自認している人もいれば、どちらでもない／中性であると認識しているX《エックス》ジェンダー(注6)もトランスジェンダーに含まれる。(注7)また、ホルモン治療や性別適合手術などにより見た目を自認する性別に近づけている人や、その途中の人もいる。もちろん、見た目を自認する性別に近づけていない人もいて、トランスジェンダーも様々なのである。このように様々なトランスジェンダーが使いたいトイレも、前述のとおり、男女に分かれた男子／女子トイレ、多機能トイレ、男女共用トイレと様々である。

男女共用トイレを見慣れない人もいるかもしれない。そのような人は、コンビニのトイレを想像してもらうといいだろう。多機能トイレほどの広さはなく、男女共に利用することができるトイレである。ではなぜ、同じく男女共に利用できる多機能トイレではなく、男女共用トイレを希望する人がいるのだろうか。それは、前項(1)で紹介したとおり、多機能トイレ

の利用においては、車いす使用者や子ども連れの人への気兼ねがあるからである。この気持ちは誰もが想像できるのではないだろうか。男女別のトイレが混んでいるとき、お腹が痛いとき、急いでいるときなど、車いす使用者が来ないかと気を配りながら多機能トイレを利用した経験がある人もいるだろう。筆者らの調査でも、多機能トイレがあっても利用しづらいとの声が、トランスジェンダーの15・1％からあがった。

トランスジェンダーのトイレに関して議論をすると、「すべてのトイレを男女共用トイレにすればいいのでは」という意見が出ることもある。実際に、海外ではすべてが男女共用トイレという事例も見かける。しかし、トイレに対する考え方や文化が異なる海外の事例を、そのまま今の日本に導入することは難しい。今の日本においては男女別のトイレを望む声が多い。すべてを男女共用トイレにするのではなく、従来のトイレに新たな選択肢として、男女共用トイレを追加することが求められている。

ちなみに、「清潔さ」「混雑具合」「トイレの選択肢の多さ」などトイレに関する12項目において満足度を調査したところ、「トイレの選択肢の多さ」の満足度がトランスジェンダーにおいて最も低かった。さらにこの項目は、シスジェンダーにおいても満足度が低かった。トイレの選択肢を増やすことは、ジェンダーにかかわらずすべての人において、トイレの満足度をあげることにつながるのではないだろうか。

ここまでオフィストイレを事例として述べてきたが、不特定多数が利用する公共施設においては、男女共用トイレという新しい選択肢はさらに重要なものとなる。トランスジェンダーだけでなく、子ども連れ（特に異性での組み合わせの場合）や異性による介助が必要な場合などにも利用する人がいる。トランスジェンダーに限らずより多くの人が使いやすいトイレ環境を実現するために、今後のトイレには選択肢を増やすことが求められる。

（高橋未樹子／監修＝岩本健良）

（注１）オフィストイレのオールジェンダー利用に関する研究会（金沢大学、コマニー、ＬＩＸＩＬ）「オフィストイレのオールジェンダー利用に関する意識調査報告書」２０１８年

（注２）ＬＧＢＴ法連合会「性的指向および性自認を理由とするわたしたちが社会で直面する困難のリスト」第3版、２０１９年

（注３）戸籍性別の変更には6つの要件（①２人以上の医師により、性同一性障害であることが診断されていること、②18歳以上であること、③現に婚姻をしていないこと、④現に未成年の子がいないこと、⑤生殖腺がないこと又は生殖腺の機能を永続的に欠く状態にあること、⑥他の性別の性器の部分に近似する外観を備えていること）をすべて満たす必要がある。

（注４）平成27（行ウ）６６７「行政措置要求判定取消請求事件」判決文　https://www.courts.go.jp/app/files/hanrei_jp/244/089244_hanrei.pdf

（注５）永野靖「事例紹介 経産省事件（性同一性障害者の職場における処遇）」『ジェンダーと法』№15、

132-136、2018年

（注6）出生時に付けられた性別にかかわらず、性自認が男性／女性に2分できない人、男女の枠にとらわれない性のあり方の人。性自認は中性や、男女どちらにも属さない無性、どちらにも属する両性など、様々。

（注7）トランスジェンダーの定義は様々あるが、WHOなど国際機関と学会による報告書に沿って、本書では「自身のジェンダーを、出生時に付けられたジェンダーとは異なるものとして認識している人」をトランスジェンダーと定義。

(3)——性自認にかかわらず、利用しやすいトイレを考える

この項では、前項(2)にて重要とされた「トイレの選択肢」について、より具体的な整備の考え方を述べる。

性自認にかかわらず利用しやすい、つまり「オールジェンダー」の利用を想定したトイレ整備として、大きくは以下の4つのパターンが考えられる。

1. 男女別トイレ内の仕様を工夫する
2. 多機能トイレを「オールジェンダートイレ」として位置づける
3. 「男女共用の個室完結型のトイレ（以下、男女共用広めトイレ）」を設置する

4．すべて個室のトイレとし、選択できるようにする

ここで注意が必要なのは、実際の現場では、施設の規模や用途、利用対象者などに応じて都度検討する必要があり、「正解」はないということである。また、これら4つのうちどれかひとつを選択するのではなく、組み合わせて検討することも重要である。以降、ひとつずつ説明していく。

①男女別トイレ内の仕様を工夫する

前項⑵で述べられているように、すべてのトイレを「男女共用」にすれば、トランスジェンダーが利用しやすくなるわけではない。「男女別」のトイレのニーズもある。ただ、シスジェンダーの場合と異なるのは、「出生時に付けられた性別のトイレ」と「自認する性別のトイレ」の2種類が存在することである。(注1) そのどちらを利用するかは、その人の性別違和の程度や性別移行（外見や身体を性自認に近づけるために、服装や髪型を変えたりホルモン治療や手術を受けたりすること）の有無、移行の段階、本人の置かれた状況などにより異なる。様々な困りごとのすべてに対応するのは困難であるが、中にはトイレのプランや設備の工夫で解決できることもある。

この工夫は何も特別なことではなく、基本的に一般的な配慮と同じである。たとえば、男

女トイレ共に大便器ブース（個室）の仕切りを床から天井まで塞いでプライバシー性を向上させたり、適正な大便器数の確保により待ち時間を短縮し、待つ間の気まずさを緩和したりといったことである。また、男性トイレの場合は、出生時に付けられた性別が女性のトランスジェンダーの利用も想定し、個室の増設(注2)、音消しの装置(注3)やサニタリーボックスの設置(注4)などが考えられる。サニタリーボックスを設置すれば、尿パッドなどを使用しているシスジェンダー男性も使うことができる。これらの配慮は、実はシスジェンダーも含めて誰もが安心して快適に利用できるトイレにつながるのである。

②多機能トイレを「オールジェンダートイレ」として位置づける

多機能トイレが普及しはじめて20年以上経つが（第3章第2節参照）、当初からトランスジェンダーの利用はあったと考えられる。しかし、そのニーズが顕在化したのはここ数年のことである。そこで、トランスジェンダーへの配慮のひとつとして多機能トイレを設置し、「性の多様性への配慮」を掲げる学校や企業も増加傾向にある。いわば、多機能トイレを「オールジェンダートイレ（性別不問の「男女共用トイレ」）」として位置づける方法である。

　ここで、トランスジェンダーの多機能トイレに対するニーズについて、整理しておきたい。トランスジェンダーの中には、性別移行はしていないが、出生時の性別のトイレは利用したくない人、性別移行中の人、あるいは性自認が男女どちらでもないＸ《エックス》ジェンダー（前項(2)の注6参照、英語圏ではノンバイナリー[注5]という言葉が使われる）の人もいる。中には、性別移行後も何らかの事情で戸籍の性別が出生時のままであるなどの理由で、自認する性別のトイレの利用をためらう人もいる。そうした人たちにとって、男女に分かれたトイレは利用しづらいものである。一方、多機能トイレは異性介助への配慮から男女共用であることが多く、性別を気にせずに利用できるという利点がある。また、多機能トイレは様々な人の利用が想定されており、その中で紛れて利用することができる。つまり、「心理的な安心感」があることが非常に大きいと考えられる。

しかし、第3章第2節で述べられているような「機能分散」の流れから、「誰でも利用できる」という位置づけが必ずしも歓迎されない場面も出てきている。また、トランスジェンダー側からも、多機能トイレの利用をためらう声もある。本節の(1)で紹介したＬＩＸＩＬらの調査では、トランスジェンダーの約6割が「だれでもトイレ利用時に気まずい」と回答しており、「多機能トイレではない、男女共用で使えるトイレがあるとよい」といった声も多く寄せられた。

③「男女共用広めトイレ」を設置する

そこで、多機能トイレとは別の「選択肢」が求められる。性別を気にせずに気軽に利用できる、男女共用の個室トイレである。用足しから手洗いまで完結できるよう、手洗器や鏡などを設けることで、一般トイレの大便器ブース（個室）よりも空間が広めとなる。ここで、オフィスに男女共用広めトイレを設置した事例をひとつ、紹介する。

事例紹介(1)　株式会社LIXIL本社WINGビルHIKARI 2F

２０２０年5月、ＬＩＸＩＬは本社ビル（東京都江東区、原稿執筆２０２２年7月時点、同年秋に移転予定）のうちの１棟である光棟２Fを、来客エリアを兼ねた会議室フロアとしてリニューアルオープンした。既存の男女別トイレはそのまま残し、改装時に不要となった部屋をトイレに改造して「男女共用広めトイレ」を大小２個室新設した（写真）。会議室フロアに設置した利点としては、所属部署などにかかわらず、すべての従業員が利用可能であること、打合せなどのついでに利用できるため、利用が不自然にならないことなどが挙げられる。また、グレードが高めの設備やデザイン性の高い内装を採用することで、よい意味での特別感をもたせ、自然な利用を促すよう配慮している。小さいほうの個室は、家のトイレのように落ち着ける、入りたくなるトイレを目指しており、大きいほうは車いすでの利用も想定した仕様となっている。

異性介助における男女共用トイレのニーズ

ところで、多機能トイレを利用しつつも気まずいと感じている人々は、実はトランスジェンダーだけではない。たとえば、異性の子どもを連れた保護者に代表されるような異性同伴、異性介助のケースである。知的・発達障害のある人では、小学校高学年以上になってもトイレ利用に見守りが必要なケースもあり、保護者が異性の場合、男女別トイレは利用しづらい。また、認知症などでトイレ利用に介助や同伴が必要な高齢者の場合、介助・同伴者が

Waitingエリア

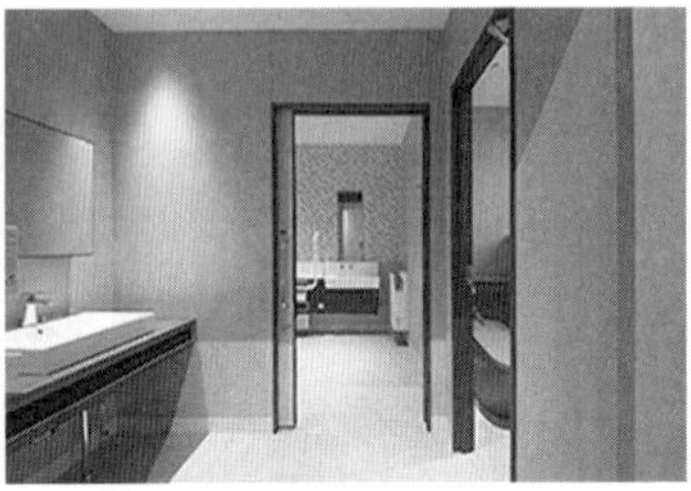

洗面器を設けた前室

男女共用広めトイレ（大・車いす対応）

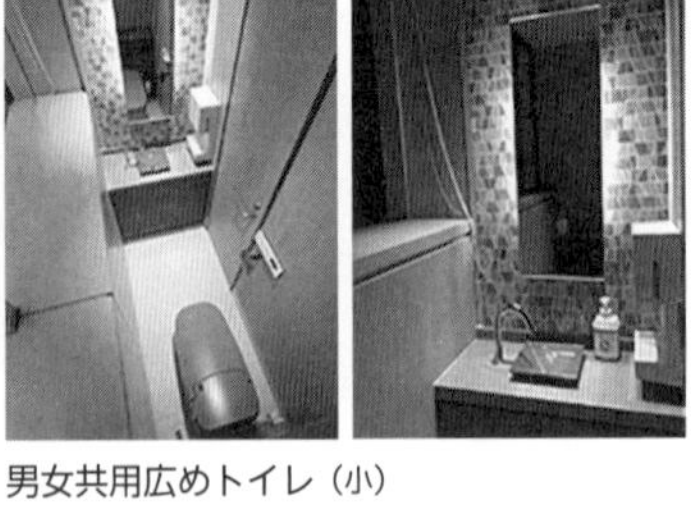

男女共用広めトイレ（小）

写真提供：株式会社LIXIL（撮影：2020年6月・12月）

異性の配偶者や子ども、きょうだいというケースも少なくない。これらのケースでは、男女共用の多機能トイレを利用する人も多くいるが、車いす使用者に気兼ねをしながら利用している人も少なくない。つまり、多機能トイレではない、異性の介助・同伴者と一緒に入れる程度の広さがある男女共用トイレ（男女共用広めトイレ）のニーズは一定数あるといえる。

④すべて個室のトイレとし、選択できるようにする

選択肢のひとつとして「男女共用広めトイレ」を設置すれば、男女別トイレを利用しづらい人たちのニーズを一定程度満たすことができるだろう。しかし、男女別トイレとの形態が異なることから、「特別感」を抱く人もいるかもしれない。そこで、より平等に選択ができるよう、すべてのトイレを「個室トイレ」とする方法が考えられる。ここでいう個室とは、壁で仕切られた独立した個室トイレのことであり、車いす使用者、オストメイト、乳幼児連れなどに配慮したトイレ、男女別トイレ、男女共用トイレの個室をそれぞれ設け、利用者が選択できるようにするのである。ここでもやはり、「選択できること」が重要である。このような考え方を具現化したトイレはまだ少ないが、商業施設の事例をひとつ紹介する。

事例紹介⑵　カスミ筑波大学店

カスミ筑波大学店は、２０１８年10月に、筑波大学（茨城県つくば市）の構内に新築されたスーパーマーケットである。トイレのレイアウトは、通路から直接個室へ入るドアが並ぶような形となっている（図、写真）。トイレ空間に入って一番手前に多機能トイレ、その隣に男性用トイレ、右奥袖壁の裏側に女性用トイレを各1室、その間に男女共用トイレが2室ある。男女共用トイレには、プラスαの機能として着替え台を設置している（写真）。

また、入口にはトイレの案内図があり、利用者が自分らしくいられる

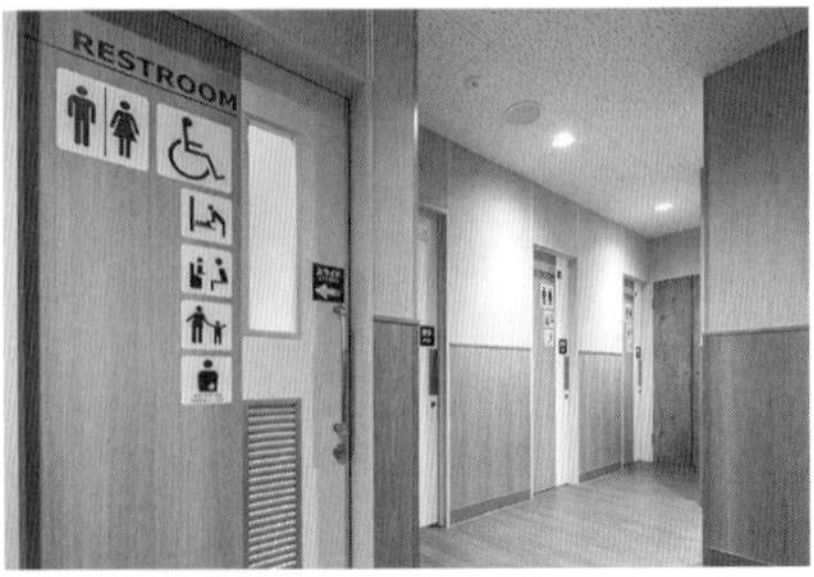

トイレ空間全体

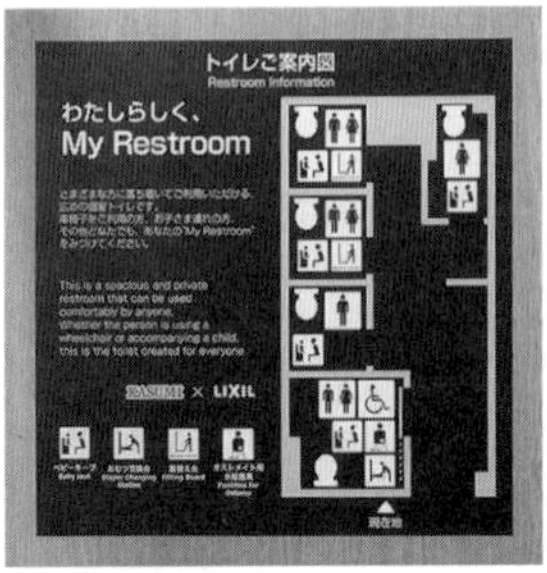

トイレ案内図

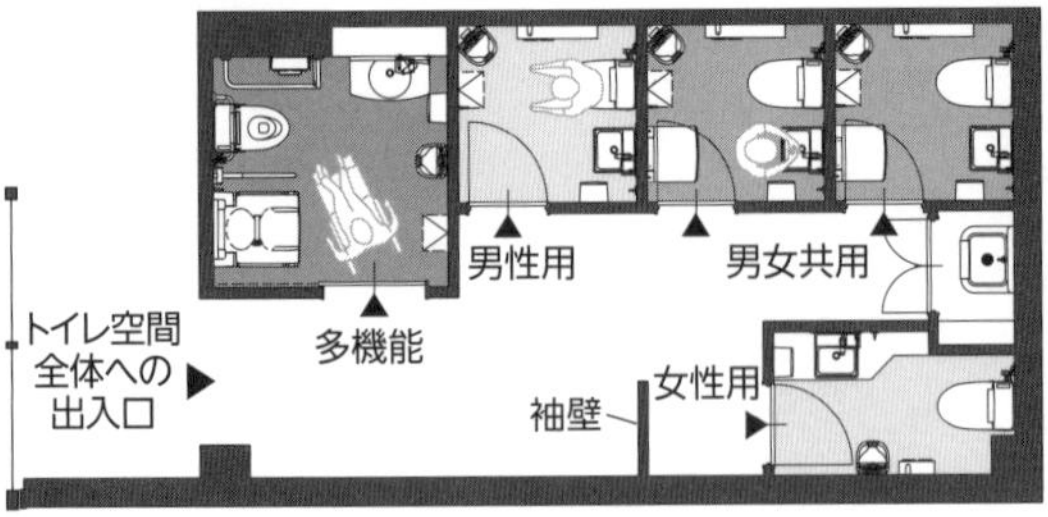

図　トイレレイアウト

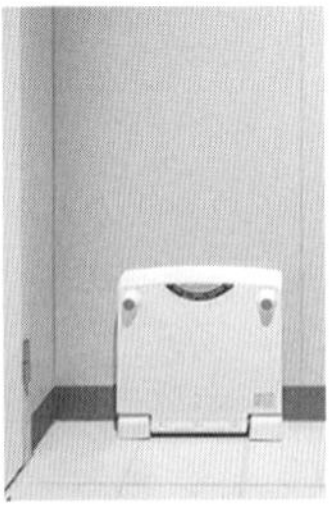
着替え台

図面・写真提供：株式会社LIXIL（撮影：2018年10月）

トイレを選べるように、「わたしらしく、My Restroom」と題したコンセプト文が掲載されている（写真）。竣工《しゅんこう》から約半年後、本トイレの利用者に対してアンケート調査を実施したところ、回答者の86％がこのコンセプトを「よい」と評価した（2019年4〜5月実施、n＝164、LIXIL調査）。また、今後このようなスタイルのトイレがあったら利用したいかを尋ねたところ、駅・ショッピングセンター、オフィス・学校ともに9割前後が「利用したい」と回答した（同）。大学構内のため回答者属性に偏りはあるものの、利用意向は高く、今後他の施設へ展開できる可能性は十分あると考えられる。

しかし、課題も残る。アンケート調査において、女性利用者からは「トイレの出入りの際、（可能性も含めて）異性とすれ違うことが気になった」、男性利用者からは「小便器を使いたかったのになかった」という声があった。全体的な利用しやすさとして、「空き状況がわかりにくい」「手を洗うだけ、化粧直しするだけの時に入りづらい」などの声もみられた。なお、個室の中に鏡や手洗い器を備えた場合、当然利用時間が延びることが想定され、男女共用も併せてどの個室をいくつ設けるかといった計画は、実は難しい問題である。さらに、個室の種類や数が増えた場合、初めて訪れた人に対してどこにどのようなトイレがあるかをいかにわかりやすく表示するか、特に視覚に障害のある人に対してどう案内するかは重要な課題である。

このようなスタイルのトイレはオフィスではよりハードルが高いかもしれないが、前述したＬＩＸＩＬ本社では、敷地内に新設された星棟（２０１９年10月竣工）に実験的試みとして「オルタナティブ・トイレ」が設置された（オルタナティブは「新しい選択肢」の意）。多機能（バリアフリー）、男女共用、男女別の個室トイレをそれぞれ設け、選択できるようになっている。

⑤性の多様性を尊重した、誰一人取り残さないトイレ

性の多様性の視点から、誰一人取り残さないトイレとするためには、まずは一人ひとりの性自認、プライバシーと尊厳が尊重されることが大前提である。そして、利用者の意思に沿う選択肢があること、それらを利用しやすい環境を整えることが重要である。そのためには、建築的な整備（ハード対応）だけでなく、前項⑵で述べられたような意識改革（ソフト対応）も同時に求められる。利用者一人ひとりの理解、施設運営側や組織の積極的取り組みといった地道な積み重ねが、性自認に沿ったトイレを利用したり、男女共用トイレを利用したりすることを当たり前に受け入れられる社会へとつながるのではないだろうか。

（日野晶子／監修＝岩本健良）

（注１）　性自認が男女どちらでもない、決めたくない人のように、男女どちらのトイレも「自認する性別

のトイレ」には当てはまらない場合もある。

（注2） 出生時に付けられた性別が女性のトランスジェンダーは、身体の構造上小便器の利用が難しいため、小用時でも基本的に大便器を使用する。

（注3） 排尿時の音が男女で違うのではないかと不安に感じる人もいる。

（注4） 性別違和の緩和のために、男性／女性ホルモンの投与を受ける人もいる。出生時に付けられた性別が女性のトランスジェンダーの場合、男性ホルモンの投与により生理が停止するが、中断や体調により再開することもある。

（注5） Nonbinary genderのこと。Xジェンダーとほぼ同義であるが、Xジェンダーが日本独特の表現であるのに対し、英語圏を始め世界的に使われている表現である。

5　子どもとトイレ

(1)――ＳＤＧｓと「子どもと排泄」

世界では衛生的で基本的なトイレにアクセスできない人がまだまだあふれていることを思うと、わが国のトイレ水準は極めて高い状況にあるといえる。日本のトイレがこれから目指そうとしているステップは多様な利用者が多様な場所・場面でトイレへアクセスできるようにすることである。そのような中で「子どもとトイレ」に関してＳＤＧｓの基本的な考え方である「誰一人取り残さない」、「持続可能な」トイレとはどのようなことを意味するのだろうか。ここでは設備的な側面というより発達や心理学的な観点から子どもの排泄《はいせつ》やトイレについて述べてみたい。また一言で「子ども」といっても発達段階によってその排泄行動はまったく異なるため、主に小学生頃までの子どもを対象に、「乳幼児期」と「学童期」に分けて書くことにする。

(2)――乳幼児期

①コミュニケーションとしての排泄――母子関係

乳児期に形成される母子間（あるいは他の特定の養育者との間）の信頼関係は子どものその後の成長や発達に大きな影響を与えることがわかっている。母子間の信頼関係が不十分であると子どもの運動機能の発達を遅らせ、歩けるようになるのが遅れたり、言葉が出るのが遅れたりするなど悪影響が出ることがある。その母子間の信頼関係の形成に赤ちゃんの「排泄」を世話するときの母子のやりとりも貢献している。もちろん排泄だけではない。赤ちゃんはオッパイをもらったり、抱っこしてもらったり、食べ物をもらったり、おむつを交換してもらったりする中で養育者との信頼関係を深めてゆく。お腹が減ったり、おむつが濡れて気持ち悪かったり、寂しかったり、寒かったりするときに赤ちゃんが泣いて「不快さ」を訴えると、母親など養育者はそれに応えようとして赤ちゃんの世話を懸命に行う。そのようなやりとりを重ねることで赤ちゃんは訴えれば必ず応えてもらえること、不快な状況を快い状況に変えてもらえることを学習し、自分はこの大人に受け入れられてもらえる存在であることを認識しながら親との信頼関係を深めていくと考えられている。

②赤ちゃんはいつからおしっこを知らせるのか

医学的には赤ちゃんのおしっこは生後1～2歳頃までは膀胱《ぼうこう》に尿が溜《た》まると反射的に出る。2歳頃には反射ではなく大脳で尿意を感じ意識的に排尿ができるようになるが、まだ尿意が弱いため漏らした後に気づいて親に教えるといったことが続く。3歳頃には出る前に「おしっこ」と言えるようになり、4歳頃には我慢することもできるようになる。排尿の制御は膀胱に尿が溜まったことが脳に伝わり、脳から膀胱に「尿を出して」と指令を出す回路が発達するまではコントロールできないとされている。ただし月齢の低い赤ちゃんでも膀胱におしっこが溜まっている感覚を不快に感じ、おしっこが出る前に泣くことがわかっているようである。

1962年に書かれた野口晴哉《はるちか》の『叱言以前』には「小児はおむつがぬれるので泣くのだと大人は思い込んでいるが、小児は尿が溜まるとそのことが不快になって泣くのだ。泣いてそのあとに漏らすものなのだ。それは生まれた最初の日からそうなのだ。遅くも一週間経れば明瞭に漏らす前に泣く。泣く前に不快な顔をする。(中略)三週間も経てば、その時に抱いて排尿させればするようになるものだ」とある。さらに途上国の田舎の子育ての様子について、「赤ちゃんが生後六ヶ月頃になるとお母さんはオムツなしで抱っこして、赤ちゃんがしそうな様子になったらお母さんが自分の身体から離して『ちーっ』とさせる」という報告もある。

どうやら赤ちゃんはかなり早い段階から膀胱におしっこが溜まる感覚を不快に思って、動きや表情、泣き声でそれを伝える能力をもっていて、母親は全身で赤ちゃんのそのサインを読み取る感性をもっていたと考えられる。今日では赤ちゃんにおむつをつけることは常識となっているが、おむつをつければ不用意に床や衣服を汚すことも防げるという安心感のために、赤ちゃんが発する微妙なサインを見過ごしている可能性がある。タイミングよく母親が子どものサインを受け取り、うまくおしっこができたときには赤ちゃんにも母親にも互いに通じ合えたという感覚が生まれるはずである。これは互いの信頼関係を深め、母親の子育てに対する自信にもつながっていくのではないだろうか。

③ヒトだけが使うおむつ

最近の育児方針はおむつを外す時期を急ぐ必要はないという風潮もあっておむつが外れる時期はますます遅くなり、小学生になってもおむつがとれないことも少なくない。

ところでヒトのようにおむつを使う動物はほかにいるだろうか。少なくとも野生動物にはいない。おむつなどのモノが子育てにおいて母子の間に介在することはヒトの子育ての大きな特徴といえる。これらのモノが母子の間に挟まることで子育ての手間や労力は軽減される。

近代社会では多種多様なモノがヒトの子育てを支えており、おむつのほかにもたとえば「哺乳瓶」は母親がそばにいなくても他人が赤ちゃんに母乳を与えることを可能にするし、「ベビーベッド」はその中に赤ちゃんを入れておけばある程度安全に寝かせることができ、親はその間に家事などを済ませることもできる。「バギーカー」は赤ちゃんを直接抱きかかえなくてもスムーズに移動することを可能にする。これらはもともと母親の身体で担っていた機能であり、それぞれの場面で母子は互いの身体を通してコミュニケーションを取っていたと言える。モノが介在することで母と子の身体の間に距離ができれば、互いのコミュニケーションに何らかの影響を与えないはずはない。しかしもはやそれらを使わずに子育ては立ち行かない。ただ母子の間にあった身体的なコミュニケーションがモノによって損なわれ、本来赤ちゃんがもつ能力を大人は無意識に封印してしまっていることを認識する必要があるのではないだろうか。

④保育園のトイレ事情から——0歳児クラスにトイレはいらないのか?

保育園で子どもがトイレに行って便器に座ることができるようになる時期は園の保育方針やトイレ環境によって異なるが、早い園は子どもが1人で立って歩けるようになる頃（1歳前後）には便器に座らせるが、一方では0歳児クラス（生後57日目から2歳近くの子どもが在籍する）

ではトイレを使わない園も少なくない。関東圏の144か所の保育施設を対象とした調査で、0歳児クラスのトイレの配置について調べた結果、保育室内にトイレがあるかまたはトイレが廊下などを介さずに直結していると回答した園は5割強であった。さらにその内の7割程度はそのトイレを使用せず、2割強はオマルを使用すると回答した。0歳児クラスではたとえトイレがあっても機能していないことになる。これには次のような要因が考えられる。1つは0歳児クラスの子どもたちにはまだトイレに行って便器に座るには時期が早いと保育者が考えている場合、2つ目はトイレの配置や設備が子どもの利用実態に合っておらず、安全に使わせることが難しい場合である。1つ目の要因にはおむつの使用も影響していると考えられる。一般的にどこの園も0歳児クラスの子どもはほぼ全員がおむつをつけており、トイレはなくてはならないものではない。むしろトイレを使わないほうが手間が省けるという考え方もあるようだ。2つ目の要因では、保育室とトイレが直結していても便器の位置が一番奥にあったり、死角になっていてはやはり使えないということが考えられる。歩行の発達がまだ完全ではない子どもを限られた人数の保育者でトイレに連れていくのは簡単ではないし、危険が伴うからであろう。

このように保育施設に通う赤ちゃんが排泄の自立に向けて便器に座りはじめる時期は園の考え方やトイレ環境から大きく影響を受けていると考えられる。

⑤幼児は行きたいときにトイレに行けるわけではない

一般的に1歳児クラス（1歳から3歳近くの子どもが在籍する）ではほとんどの子どもが歩けるようになっており、おむつが外れなくても、子どもはトイレに連れていかれて便器に座ってみることが増える。しかしトイレが保育室から離れていると保育者が同行しなくてはならない場合も少なくない。前述の調査で1歳児、2歳児クラスの子どもにトイレで排泄させる時に保育者が大変に思うことはどんなことかを聞いたところ、一番多かったのは「タイミングを見計らって促すこと」で2割強であった。トイレに誘っても子どもはなかなか素直に従ってくれないことが多いようである。限られた人数の保育者で子どもをトイレに連れていくには、子どもたちを一斉にトイレに連れていかざるをえない。その場合全員の排泄のタイミングがうまく合うわけもなく、行きたくない子も行くことになる。そして一斉に行けばトイレが混雑して列ができ、ケンカも始まったりするので保育者はそれを仲裁したり、衣服の着脱を手伝ったり、床に座り込む子どもを注意するなど大変あわただしいトイレタイムになりがちだ。子どもにとってトイレは無理に連れていかれ、並ばされて、怒られる場所となってしまう。

⑥トイレが変われば子どもの発達が変わる

子どもが行きたいときに自由に行けるトイレとはどんなトイレだろうか。筆者はおおわだ保育園（大阪府門真市）の1～2歳児用のトイレの改修プロジェクト（2005年）に関わったが、改修前と改修後では1歳児クラスの子どもが一人でトイレに行って便器に座れるようになる時期が半年も早くなった。改修の主なポイントは次のとおりだ。①トイレの床をタイルからフローリングにした。②保育室との間仕切壁に窓などをつけて便器に座る子どもから保育室や保育者が見えるようにした。③便器に安全に座れるように手すりをつけた。④トイレの中にバケツや掃除道具を置かないようにした。⑤常にトイレの中を清潔に維持することにした。これらの条件が揃《そろ》うことで、トイレでの履き替えが不要となりつまずきも減り、子どもは保育室の中の様子を見ながら安心して好きなだけ便器に座っていることができる。子どもは手すりにつかまって自分自身で安全を確保することができる。トイレの中には子どもに触ってほしくない設備や道具がないので保育者は安心して子どもの様子を見守ることができ、清潔なトイレでは子どもが床に座り込んでも注意する必要がな

おおわだ保育園１～２歳児用トイレ
保育室とトイレが一続きになっており、子どもは安全に１人でトイレにアクセスできる。トイレの中の子どもからも保育者が見えるので安心できる。

い。子どもの自分でやりたいという主体性を尊重して、安全に見守れる環境があれば、子どもは進んでトイレに行くようになる。

（3）――学童期

①学校でトイレに行けない子どもたち

２００２年と２０１７年に行われた２つの調査（図1、図2）は、地域や質問方法にばらつきはあるが、子どもに学校でトイレに行きたくなった時に我慢するかどうかを問うている。比較してみると、２００２年（大便の我慢を聞いている）は何らかの我慢をする割合が約３割であったが、２０１７年は何らかの我慢をする割合が5割強であった。また学校のトイレが嫌な要因についても比較してみると、どちらもトイレの汚さや臭さが高い割合を示しており、学校で我慢するのは特にトイレ環境の問題であることがわかる。トイレを改修すれば我慢することは減るが、依然として我慢する子どもが残る。恥ずかしさや他者の目が気になるという理由で我慢するケースは全体に対する割合は低いが、根強いことを意味し、環境面の改善では解決しないと考えられる。２００２年の調査では学校でトイレに行く時の恥ずかしさを学年別に分析しており、低学年ではさほど恥ずかしがっていないが、高学年になると恥ずか

図1　2002年の調査

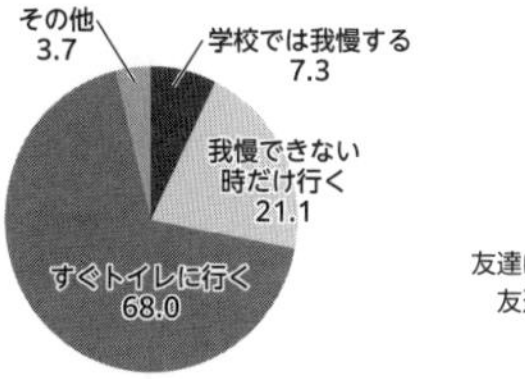

Q：学校で大便に行きたくなったらどうしますか？(%)

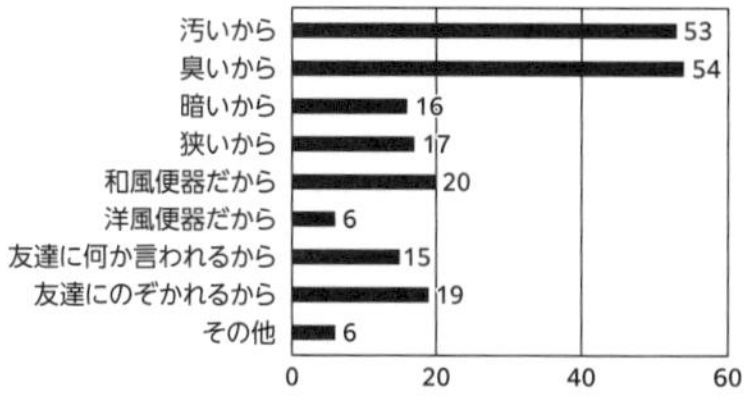

Q：学校のトイレが嫌な理由は何ですか？(複数回答)(%)

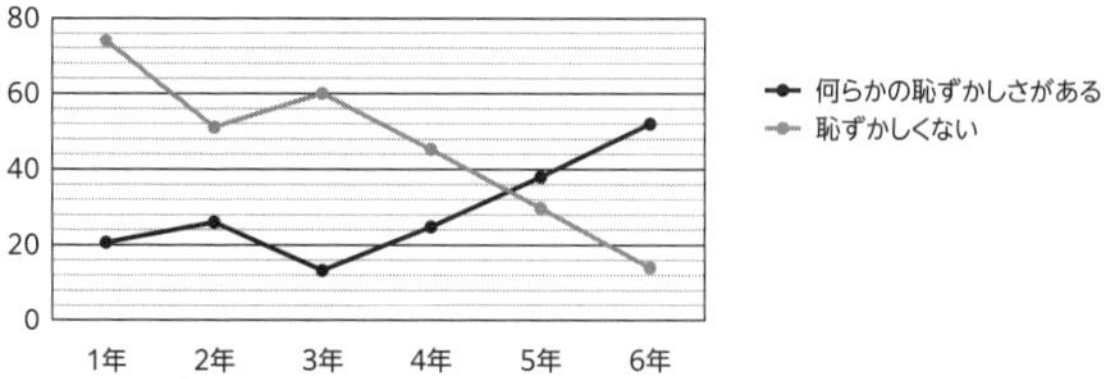

Q：学校でトイレに行くのが恥ずかしいか？（%）

2002年 対象：東京都・神奈川県・奈良県・静岡県の小学1年生～6年生 848人
出典：「なぜ小学生は学校のトイレで排便できないのか？」『学校保健研究』第46巻第3号の元データを加工

図2　2017年の調査

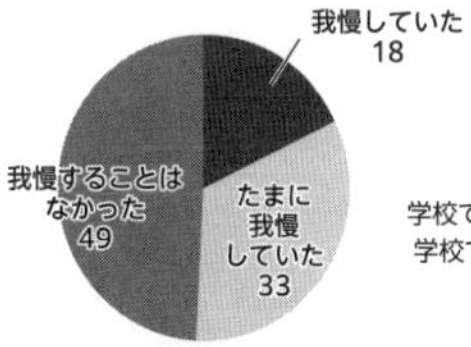

Q：トイレに行くのを我慢していましたか？（%）

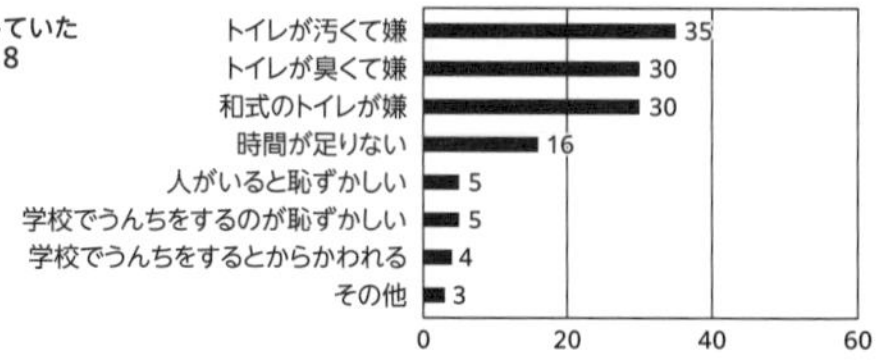

Q：「我慢していた」「たまに我慢していた」の
理由を教えてください（複数回答）（%）

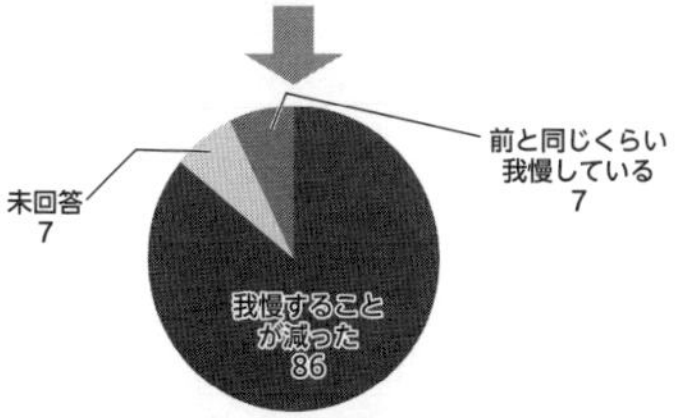

Q：「我慢していた」「たまに我慢していた」を選んだ人は、学校のトイレが新しくなって、
トイレに行くのを我慢することが減りましたか？

2017年 対象：東京都杉並区内小学校（1校340人）
出典：平成30年文部科学省調査「施設整備による教育環境向上の効果について」から作成

しい割合が増えて逆転する。

大便を恥ずかしがるのは男児に多いことがわかっている。男子トイレは構造的にも小便と大便をする場所が区別されており、大便に行ったことが一目瞭然に他者にわかってしまい、からかわれる原因になるからだ。からかい行動は攻撃行動の一形態で３歳を過ぎる頃から女児よりも男児に多く見られるようになる。からかい行動には仲間同士の親密感を強化する機能と、相手を笑いの対象にすることで相手を見下すという地位操作機能と、相手が苦しむのを見て楽しむサディスティックないじめ機能がある。これらによってからかわれる側は大きなダメージを受ける場合や単なるふざけで済む場合があり、その程度を調整するには当事者の社会的スキルが必要になる。たとえば排泄行為に対するからかいの場合、排泄行為や排泄物に対する価値観が調整の基盤になる可能性もある。排泄物は単に臭くて汚い迷惑なものであり、排泄行為は恥ずかしい行為で、学校ですることではないという認識があればからかいはエスカレートしてしまうのではないだろうか。

②男子トイレの個室化

学校で友人にからかわれることを理由に便意をもよおしても我慢する男子児童や生徒が少なくないことから、２００１年頃には学校の男子トイレの小便器を廃止して、女子トイレと同様に大便でも小便でも個室に入って用を足せるようにトイレを改修する自治体が出てきた。2019年には神奈川県大和市は市内全部の小中学校に1か所ずつ男子用の完全個室トイレを完成させた。子どもたちの感想は「友達の目が気にならない」「恥ずかしくない」という肯定的な意見と、「急いでいるときに不便」「おしっこが付いていて汚い」という否定的な意見もあったようだが、半数以上の男子はこの改修を「よかった」と答えている。そしてこの完全個室化の動きには家庭でのトイレ事情も反映されているようだ。日本では家庭のトイレはほぼ100%が洋式化されており、家庭のトイレでは小便の場合も座った姿勢で用を足す男性が増えている。そのためわが子が「立ったまま小便ができない」と心配する親も少なくないという。人に知られるのが恥ずかしいということから始まり、家庭でのトイレ事情が加わって男子トイレの個室化は他の自治体でも取り入れるところが出てきた。

近年その動きにさらに別の視点が加わっている。トランスジェンダーに対する配慮として「男女共用トイレ」の設置が始まっている（第4節参照）。トイレをこれまでのように男子用トイレと女子用トイレに分けて区画するのではなく、同じ空間の中に「男子用ブース」「女子用ブース」「男女共用ブース」「男子小便器ブース」「男女共用車いす用ブース」があるという感じだ。トランスジェンダーの人が心の性に応じたトイレを使う際には他者からの視線が大きな障壁となる。トランスジェンダーを対象としたアンケート調査では、体の性に応じたトイレを使うときに違和感を覚えた時期は小学校高学年から中学生の時に多く、幼稚園や小学校低学年の頃から違和感があったという人を加えると4割強が中学生までにトイレ利用になんらかの問題を抱えていたということになる。

「男女共用トイレ」は使い手のニーズに合わせて、選択肢の一つになっているということに大きな意義がある。そしてトランスジェンダーの子どもに限らず、大便に行くことでからかわれたくない男子にも、座って小便をしたい男子にも、使いやすいトイレとなるだろう。

１９７０年代の小学校にはまだ男女共用トイレは健在であった（もちろん汲《く》み取り式）。そして現在に至るまで男女共用トイレはネガテ

図3　トランスジェンダーを対象としたアンケート調査

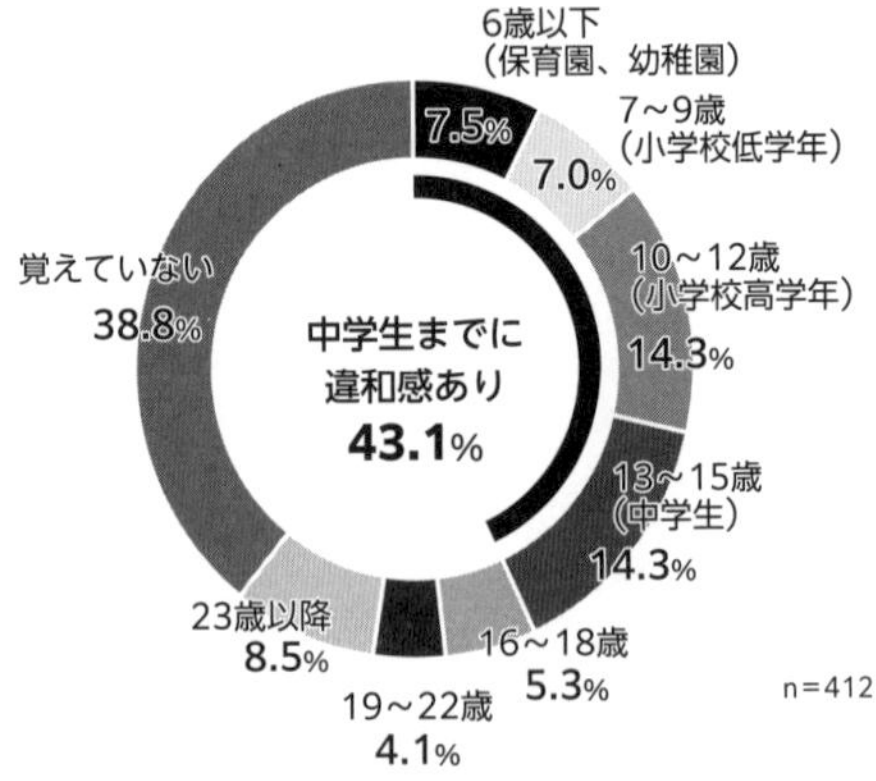

出典：「性的マイノリティのトイレ利用に関するアンケート調査」TOTO調べ・LGBT総合研究所協力（2018年）

ィブなイメージで捉えられ学校からは姿を消したが、また新たな考え方の「男女共用トイレ」が支持されはじめたのは大変興味深いことである。

(4)――教育／便育

「自分の大便を見ていますか？」と小学生に聞くと、「見ない」「気持ち悪い」「見るものではないと思っていた」という答えが返ってくることが珍しくない。このような子どもたちにとって、大便は単に臭くて汚いものとなっている。しかし大便は自分自身の健康状態を伝えてくれる大切な便りでもある。大便の色やニオイや形には意味があり、それを読み取ることができれば簡単に健康管理ができる。「便育」とは自分の大便に関心を向け、大便の状態から生活を振り返り、食習慣や運動習慣などを見直して健康な生活を送れる人を育てることだ。

大人は排泄や排泄物についてもっと子どもと話す機会をつくる必要がある。幼児期には家庭で「うんち」が出たかどうかを頻繁に話していても、学童期になると話題に上らなくなり、子どもが話そうとすると「はしたない」と遮ることも少なくない。排泄は恥ずかしがったり、我慢したりするべきことではないということをもっとオープンに話し、教育の中で示していかなくてはならない。排泄行為や排泄物の意味や大切さを理解し、話しやすい雰囲気があれば、からかい行動も起こりにくくなるのではないだろうか。

日本のトイレはどんな利用者も取り残さないためになお発展し続けている。しかしこれまで述べてきたようにトイレ先進国においても空間や設備などの改善だけでは解決できない問題もある。おむつに頼ることで本来発揮すべき子どもの身体機能が損なわれている可能性があること、保育者の保育方針によって子どもの排泄自立の時期に大きな影響を与えること、トイレ利用におけるジェンダー問題など、対話や議論がますます重要になっている。

（村上八千世）

〈参考文献〉

■汐見稔幸・小西行郎・榊原洋一『乳児保育の基本』フレーベル館、２００７年
■野口晴哉『叱言以前』全生社、１９６２年
■和田智代『赤ちゃんはできる！　幸せの排泄コミュニケーション「おむつに頼りすぎない育児」という選択』言叢社、２０１８年
■根ケ山光一『発達行動学の視座　〈個〉の自立発達の人間科学的探究』金子書房、２００２年
■村上八千世・寺田清美「保育所におけるトイレ環境のあり方が保育や子どもの発達に与える影響について」『常磐短期大学研究紀要』第44号、２０１６年
■村上八千世・根ケ山光一「なぜ小学生は学校のトイレで排便できないのか？」『学校保健研究』第46巻第3号、２００４年
■文部科学省「施設整備による教育環境向上の効果について」文部科学省、２０１８年
■ＴＯＴＯ株式会社「２０１８年性的マイノリティのトイレ利用に関するアンケート調査結果」２０１８年

第4章

水洗トイレは持続可能か

1―汲み取りトイレと水洗トイレ――エコだった昔のトイレ

(1)――下肥として利用してきた時代

①汲み取りトイレを知らない世代

現在の日本人のほとんどは水洗トイレを使っている。水洗トイレを使っている人口は95％を越え、非水洗トイレ人口の比率は5％に満たない。汲《く》み取りトイレを日常的に使った経験のある人は少ないだろう。筆者の子どもの頃の自宅のトイレは、便槽の上に便器が設置されていて、和式便器の穴からのぞくと下が丸見えで落ちないかと怖かった。東京の大学に進学して杉並区のアパートに入ったら、まだ立派な?汲み取りトイレだった。1973年のことである。

汲み取りトイレもいろいろな進化をしていて、便槽と便器を分離して便槽の中が直接見えないようにしたり、煙突ならぬ臭突をつけて臭気を屋外に出すようにしたり、またコップ2杯程度の水で便器を流す（し尿は便槽に溜《た》める）簡易水洗という方式もあった。今もイベントや災害時の仮設トイレがだいたいこういう方式になっている。

汲み取りトイレは、名前のとおりし尿を汲み取らなければならないので、必然的に家の外や住宅の端っこにつくられる。昔のトイレはほとんど「外便所」だった。昭和の時代の汲み取りトイレは、月に1回くらい市役所に汲み取りの申し込みをして、汲み取り券を買ってバキュームカーがやってくるのを待つ。うねうねとホースが汲み取り口に達すると、便槽の中身が吸引される。洗浄のためにバケツに水を用意して、便槽をすすいで仕事が完了する。だいたいこういう光景が、毎日どこかで見られたものだ。

ちなみにバキュームカーは昭和20年代後半に日本で開発された。第1号は開発の中心を担った川崎市に導入された。バキュームカーが登場する前は、柄杓《ひしゃく》で「肥桶《こえおけ》」に汲み取っていた。肥桶をリヤカーやトラックに積んで運搬していた。筆者の１９６０年頃の記憶では、まだ天秤《てんびん》棒の両側に肥桶をぶら下げて、木製のはしごで天蓋《てんがい》つきの自動車の上まで運んでタンクに投入するという離れ業をやっていた。清掃担当の部署には、汲み取り作業員のほかに肥桶やはしごを修理したり維持管理する木工の技術職もいたそうだ。バキュームカーの登場は、汲み取り作業の機械化と効率化が一気に進み、自治体の清掃事業近代化の象徴になった。

②し尿の農業利用の始まり

し尿を肥料として利用してきた歴史は長い。ちなみに人間の糞尿《ふんにょう》を腐熟させた肥料を「下肥《しもごえ》」という。落ち葉や木の皮、家畜の糞尿などの有機物からつくる肥料は「堆肥《たいひ》」である。

「し（屎）尿」とは人間の糞と尿のことで、一般には大便と小便という言葉を普通に使っているが、医学的には大便のことは「便」といい、小便は「尿」という。「し＝屎」とは大便のことである。排出量は、平均1ℓ／人・日程度で、「し」と「尿」の比率は、およそ1：9。廃棄物処理法では一般廃棄物として市町村に処理責任がある。「ふん（糞）尿」という場合もあるが、産業廃棄物のカテゴリーに「動物のふん尿」があるので、法律や行政の用語として人間の排泄物《はいせつ》には「し尿」を使う。

さて、し尿の農業利用については諸説があるが、トイレ学の泰斗であった李家正文《りのいえまさふみ》氏の著書によると、古代中国でし尿を肥料とする方法が生まれ、稲作とともに日本に伝わったことは疑いのないことであると記している。(注１)

庶民の住居がどうだったかは定かではないが、肥料として使うためにし尿を溜める必要があり、便槽としての穴や壺《つぼ》などの上に小屋を建てて汲み取り便所となったと考えられる。その遺構は各地で発見されており、７世紀末の藤原京跡からも発掘されている。

ちなみに古くは川や水路に流す形があったそうで、「かわや」という呼び名は奈良時代の文献にも見られ、語源は「川屋」に由来するという説がある。平安時代の寝殿造りでは「しのはこ（清筥・尿筥）」や「ひばこ」（樋箱）というおまるを使っており、その部屋を「おひどの」（御樋殿）といったそうだ。

鎌倉時代の政所《まんどころ》や武士の館には、汲み取り便所があった。16世紀の半ば頃に日本にやってきたポルトガルの宣教師ルイス・フロイスは、その著書『日欧文化比較』の中で、日本の都市には共同便所が目立つことや、汲み取り人がコメや金を支払ってし尿を買い取っていることを紹介している。この時代にはすでにし尿は肥料として高い価値があったので、し尿を集めるために共同便所がつくられていた。

③江戸が清潔だった理由

18世紀の江戸は、100万人の人口を誇る世界一の大都市だった。2番目は約60万人のロンドンである。江戸とロンドンでは都市の清潔さ、公衆衛生に大きな違いがあった。江戸には水道があり清潔な水が手に入った。し尿は農家が集めて肥料として利用していたので、河川が汚染されることもなかった。しかし同時代のロンドンやパリでは住宅にトイレの設備がなく、おまるの汚物を窓から投げ捨てていたというから驚きだ。パリは19世紀中期にオスマンによるパリの大改造計画によって下水道が整備されたが、道路のごみや汚物を地下に流し

込むというものであった。結果的に下水道を通して河川が汚染され、コレラなどの疫病がたびたび流行した。(注2)

江戸のし尿処理は近郊の農民たちが担っていた。東部の農村へ「葛西船《かさいぶね》」と呼ぶし尿運搬船で運んでいた。その肥料は農業生産の拡充に役立ち、江戸の人口を支えてきた。し尿は有価物で、汲み取る農家が対価として金銭や作物で支払った。これを腐熟させたものを下肥《しもごえ》といい、重要な窒素肥料であった。

江戸が清潔であったことは、幕末から明治にやってきた外国人がいろいろな文献に書き残している。大森貝塚を発見したアメリカの動物学者E・S・モースは、乳幼児の死亡率が低い理由としてし尿が肥料として利用されていることにあるとし、「東京のように大きな都会でこの労役が数百人のそれぞれ定まった道筋を持つ人々によって遂行されているとは信用できぬような気がする」と述べている。(注3)し尿を「汚物」ではなく「資源」として扱い、その仕事が多数の雇用を生み、都市の清潔の保持に多大なる貢献をしていたわけで、文字通りの「循環経済（サーキュラーエコノミー）」が実現していた。

(2)――明治・大正・昭和初期のトイレ

①明治期の「トイレ革命」

明治時代は外国からのいろいろな文物や技術の流入によって、トイレも影響を受けた。そのひとつが下水道である。日本で最初の下水道は開港場となった横浜で築造された。居留地の道路整備とともに側溝や埋め立て地の排水溝が石垣で築造され、1869（明治2）年より約10年をかけて燈台《とうだい》局雇いのイギリス人ブラントンの設計・監督のもとに、関内などの居留地全域に陶管を埋設。1881（明治14）年から20年の間、これを煉瓦《れんが》づくりの卵形の管に全面的に改造した。1899（明治32）年の居留地返還時には、居留地の下水道総延長は8万8247mに達していた（横浜市ホームページ）。

東京はやや遅れて、1872（明治5）年の「銀座大火」（銀座から築地にかけて100ha近い区域が焼野原になった）のあと、赤煉瓦とセメントのモダンな銀座通りが生まれ、そのときに道路両側のドブが洋風の溝渠《こうきょ》に改造された。また1877年頃から都市部を中心にコレラの流行があった。東京府は1884（明治17）～1885年に神田の一部に煉瓦積み暗渠《あんきょ》の下水道を敷設した。いわゆる「神田下水」で、これが東京の近代的下水道の始まりである（東京都下水道事業概要)。

日本で最初の水洗トイレは東京のホテルで設置されたとされるが、真偽は不明である。洋式の水洗便器が輸入されはじめたのは、明治の中頃からと考えられる。１９１４（大正３）年に国産の水洗便器を最初に試験販売したのが東洋陶器株式会社（ＴＯＴＯ）である。

１９００（明治33）年に下水道法が制定され、１９０８（明治41）年には旧東京市15区内を計画区域とする東京で最初の本格的な下水道基本計画（東京市下水道設計）が策定された。その目的は汚水と雨水を都市部から排除することで、下水を処理する機能はまだなかった。したがって水洗トイレが可能になったというわけではないが、今日の水洗トイレと下水道というシステムはこの時代に始まった。

横浜では洋風の建物の公衆トイレが誕生したことも記しておきたい。１８７１（明治４）年に神奈川県は外国人が増えてきた横浜に「路傍便所」の設置を示達し、町会所の費用で簡易な「公同便所」（公同は共同のこと）が83か所につくられたが、桶《おけ》を地面に埋めて囲いをしただけの江戸時代と変わらない粗末なもので、評判は芳しくなかった。そこで、薪炭商だった浅野総一郎（浅野セメントの創業者）は１８７９（明治12）年に私財を投じて洋風六角形という画期的なデザインのトイレを63か所に設置した。これが日本で最初の公衆トイレである。中央には換気のための塔が立ち、３か所ある入り口から中に入ると３つの大便ブースに囲ま

れるように小便器が配置されている。浅野総一郎はこのし尿を肥料として売りさばいて利益を得たそうだ。（注4）

もう一つ、明治時代には陶器製の便器が普及した。総合トイレ学研究家の森田英樹氏によると、陶器製の便器が広まるきっかけは1891（明治24）年の濃尾大地震である。家屋の復旧の際に東海地方を中心に陶器製の便器を設置する人たちが増加した。さらに花鳥などを染め付けした便器（染付便器）がブームになり、全国に広がったという。

江戸時代後期に白と藍色の取り合わせが粋でおしゃれな象徴としてブームになり、藍色の模様を染め付けた食器が普及した。そのブームは明治時代に入ってからも続き、この頃に誕生した陶磁器製の便器にも藍色の装飾が施されるようになった。芸術的ともいえる便器がトイレ空間を彩るようになり、従来のトイレに対するイメージを大きく塗り替えることになった。陶器の便器生産地も瀬戸、常滑《とこなめ》、有田など、全国で生産されるようになった。（注5）

このように明治期は水洗トイレの黎明《れいめい》期で、かつトイレを文化的な空間としてしつらえ、安らぎの空間ととらえる現在のトイレに対する意識のさきがけでもあった。

②コレラの流行と汚物掃除法の制定

明治になって東京などの大都市の人口が増加すると、し尿の汲《く》み取りやごみ収集などの作業が追いつかなくなった。し尿はあいかわらず下肥として処理されてきたが、都市化によって人口が増えると供給過剰になって、農家がお金や作物と引き換えに汲み取りさせてもらっていたものが、お金を払って請負業者に汲み取ってもらうことになった。

市中では汲み取り代金の値上げなど汲み取りの請負業者とのトラブルが増え、汲み取ったし尿を農地にまで運ばずに不法投棄する事態が頻発。大正半ば頃には東京ではいよいよし尿が供給過剰となり、一部では隅田川の色が変わるほどの不法投棄も行われていたという(注６)。

し尿処理が円滑に行われないことで衛生環境が著しく悪化した。明治10年代にコレラが大流行し、１８７９（明治12）年には10万人を超える死者が出た。これをきっかけに政府は「虎列剌（コレラ）病予防仮規則」や「伝染病予防規則」（１８８０（明治13）年）を定めるなど、公衆衛生に力を入れるようになった。しかし明治20年代に入ってもコレラの流行が続き、３〜４万人の死者が出る年もあった。また赤痢や腸チフスも流行し、多数の死者を出した。さらにこうした経口伝染病だけでなく、１８９９（明治32）年にペストの流行が起こった。

このような状況を背景として、１９００（明治33）年に、し尿やごみの処理を規制するため「汚物掃除法《おぶつそうじほう》」が制定された。また汚水や雨水の排除を目的とした「下水道法」も一緒に制定されている。ここでいう「汚物」とは、主に生活排水やし尿を意味し、市に「汚物ヲ掃除シ清潔ヲ保持スルノ義務」を定めた。しかし汚物掃除法は、し尿は当分の間は法の適用外とし、下水道の対象でもなく、行政がし尿処理に責任を負う体制ができるまでには、まだしばらくの時間がかかった。

③寄生虫問題

大正時代になると寄生虫問題が大きな問題となった。検査すると日本人の寄生虫卵保有者がきわめて高い割合であることが判明し、特に徴兵検査などで農村部の保有者が多く体格に影響を及ぼしていることが明らかになった。これに対して内務省では、寄生虫卵や病原菌を死滅させて衛生的にし尿を農地で利用できるようにする方法の研究開発を行っている。

1927（昭和2）年に内務省衛生局が発表した「内務省式改良便所」を発表した。これはコンクリート製の便槽を仕切って、貯留槽をオーバーフローした分だけが汲み取り槽に流れるという構造で、汲み取り槽まで至る期間

内務省式改良便所（3槽式）

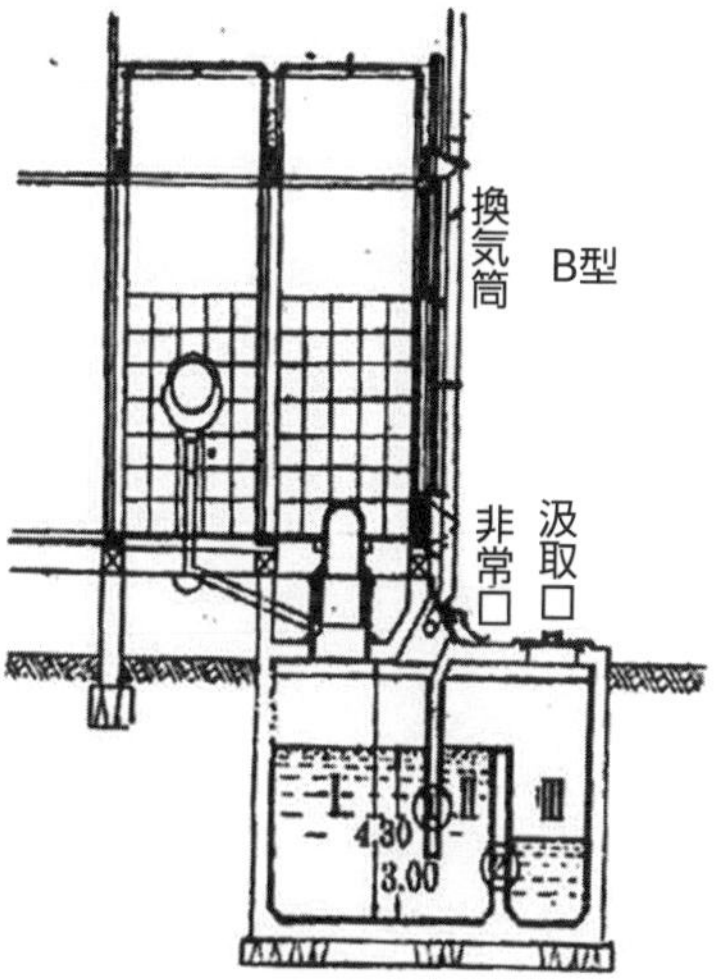

出典：環境省「令和元年度 し尿処理技術・システムに関するアーカイブス作成業務報告書」
http://www.env.go.jp/recycle/waste/0-2.1shou.pdf

はおよそ3か月を要する。その間に消化器系の病原菌や寄生虫卵は死滅するという仕組みである。

(3)――水洗トイレに追いつかなかった下水道

①「下肥」の禁止で行き場を失ったし尿

戦後も食料増産と公衆衛生の一石二鳥として、収集したし尿の処理は、基本的には肥料として「農地還元」する方法がとられた。東京では人口増加に対応するために、埼玉県などにし尿の貨車輸送が行われた。しかしＧＨＱ（連合軍総司令部）の指導により１９５０（昭和25）年に農地散布が禁止され、その頃から化学肥料の利用が進んできたことから、行き場を失ったし尿の処理が大きな問題になった。

１９５４（昭和29）年に汚物掃除法に代わる「清掃法」が制定され、国は多額の補助金を市町村のし尿処理施設の整備に充てた。し尿処理技術の開発にも急ピッチで取り組み、全国にし尿処理施設を整備するに至った。東京ではやむなく、１９５０年から、行き場を失ったし尿を海に投棄する「海洋投入」を始めた。し尿の処理はそれほど待ったなしの問題となり、今では想像できないような、緊急避難的な対応に迫られた。

海洋投入というのは、東京湾の一定の海域にし尿を船で運んでそのまま投棄することだ。東京湾沿いの川崎市や横浜市などの大都市が相次いで海洋投入を行ったため、海洋汚染が深刻な問題となった。1956（昭和31）年に国は「し尿処理基本対策要綱」を策定し、し尿の海洋投棄原則廃止と陸上での処理の推進を定めた。海洋投入は1972年のロンドン条約（廃棄物などの投棄による海洋汚染防止を目的とした条約）の締結や関連法によって減少していったが、法的に全面禁止になったのは2007年である。

②「公団住宅」からはじまった水洗トイレ

1950年頃から自治体の公営住宅建設や住宅融資制度が始まった。この時期にはまだ水洗トイレはほとんど普及していないが、積層の集合住宅では汲《く》み取りトイレをつくるわけにはいかないために、トイレは水洗化され汚水を共同浄化槽で処理するという方式がとられた。

1955年に発足した日本住宅公団（現在の独立行政法人都市再生機構＝UR都市機構）は、住宅困窮者のための住宅・宅地の供給を目的として設立されたが、単に住宅をたくさんつくっただけでなく住宅設計や住宅設備の開発によって、われわれの生活様式も大きな影響を受けている。ダイニングキッチンで、いすとテーブルで食事をするというのは、公団住宅から広がった。団地族という言葉も生まれ、若い世代にとっては憧れのライフスタイルだった。

洋式の水洗トイレも公団住宅から広がったものである。(注7)初期の公団住宅ではいわゆる「汽車便」（列車のトイレ）などといわれた和式便器（立って小用できる便器）が採用されたが、１９５８年に大阪の団地３００戸で初めて洋式水洗便器が取り付けられ、以後はこの設備が全面的に採用されることとなった。(注8)

③水洗トイレと浄化槽が水質汚染を招いた

（一社）日本レストルーム工業会によると、洋式便器の出荷が和式便器を上回ったのは70年代後半だということだ。やや古い統計だが、環境省などの水洗化人口の統計とは別の、総務省の「平成20年住宅・土地統計調査」によると、水洗トイレのある住宅の割合は90・７％で、賃貸住宅でもほぼ１００％である。さらに洋式トイレのある住宅の割合（洋式トイレ保有率）も約90％で、ほとんどの日本の住宅は洋式の水洗トイレになっているということだ。

ところで水洗トイレはすべてが下水道で処理されているわけではない。２０１９年度のし尿処理別人口の内訳を見ると、公共下水道で処理されている割合が76・１％、浄化槽が19・３％である。遡って１９７４年は、70・６％が非水洗トイレで、水洗トイレのうち公共下水道は15・３％、浄化槽が14・２％である。５年後の１９７９年には非水洗トイレの比率が47・９％と大きく低下しているが、下水道処理が25・９％、浄化槽が26・２％である。１９

74年も1979年も、水洗トイレを利用していた人口の約半分は浄化槽で処理をしていたということになる。

このように水洗トイレの普及と下水道整備には大きなギャップがあった。この頃の浄化槽は「トイレの水洗化」を目的とした「単独処理浄化槽」が多かった。単独浄化槽は処理性能も低く、おまけに水洗トイレのし尿だけしか処理せず、風呂や洗濯、台所の汚水はそのまま河川などに放流されるため、生活排水による川や海などの水質汚染が深刻な問題となった。高度成長によって水の使用量が増大し、汚水の発生量も飛躍的に増えたが、膨大な汚水は未処理のまま河川などに放流され、深刻な公害問題を引きおこした。

単独浄化槽は2000年の浄化槽法改正によって新設が禁止され、し尿と雑排水をいっしょに処理する「合併処理浄化槽」への転換が進められることとなった。

し尿処理別人口内訳 (%)

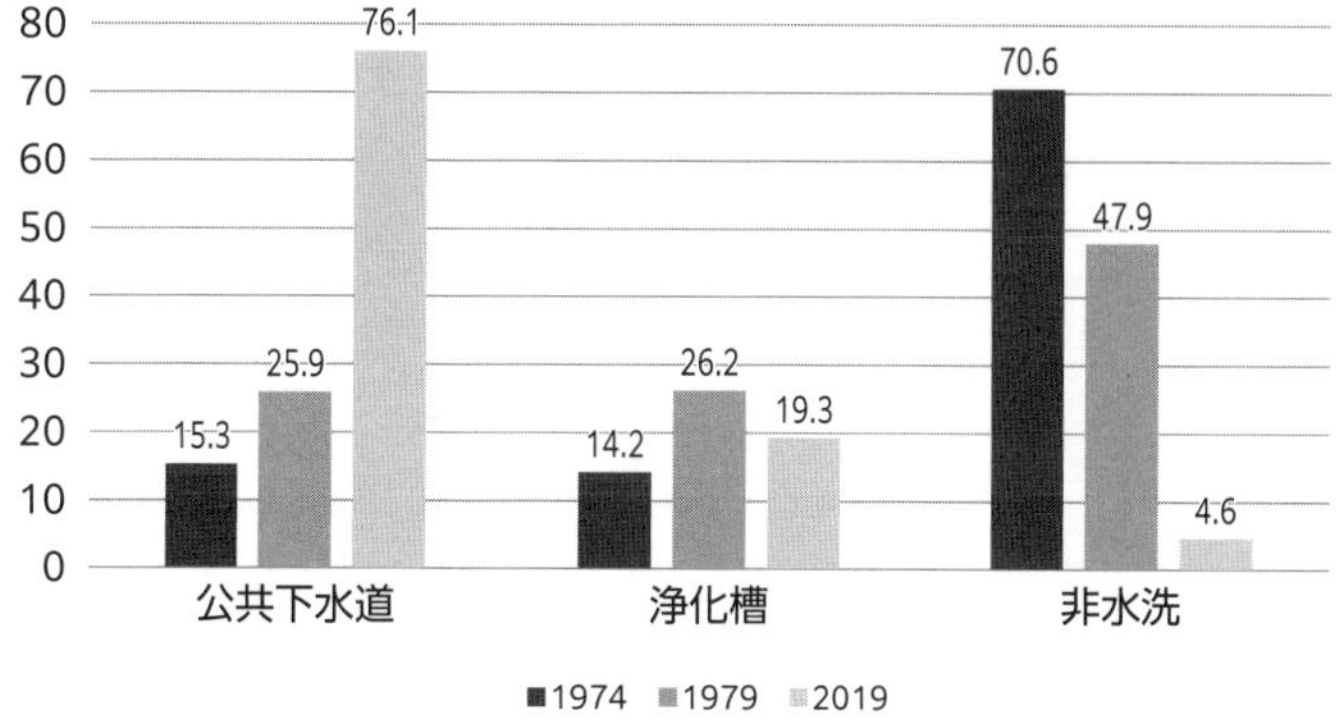

合併浄化槽は単独浄化槽に比べてＢＯＤ（生物化学酸素要求量、２２２頁の「水洗トイレの環境負荷」参照）の排出量が８分の１に削減される。処理後の放流水質は下水処理場からの水質（ＢＯＤ20㎎／ℓ）とほぼ同じで、処理性能は高い。ただし浄化槽は微生物の働きで汚水を処理するので、微生物が活動しやすい環境を保つように維持管理を行うことが大切である。そのために浄化槽法では、槽内にたまった汚泥の抜き取りや定期点検などを義務づけている。

下水道が普及しても管理が不十分な浄化槽から生活排水が放流されていては水質保全の効果がない。そこで下水道法では、公共下水道が整備された場合は、その地域の土地や建物の所有者・使用者は下水管までの排水管などの設備を設置して、下水を下水道に流す義務を規定している。汲み取りトイレは３年以内に水洗トイレにしなければならないとしており、トイレの水洗化が政策として推し進められている。

（山本耕平）

（注１）　李家正文『糞尿と生活文化』泰流社、１９８９年
（注２）　パリのトイレ事情はロジェ・アンリ・ゲラン『トイレの文化史』（筑摩書房、１９８７年）、ロンドンのトイレ事情はローレンス・ライト『風呂トイレ讃歌』（晶文社、１９８９年）、リー・ジャクソン『不潔都市ロンドン』（河出書房新社、２０１６年）などが面白い。
（注３）　Ｅ・Ｓ・モース『日本その日その日１』石川欣一訳、東洋文庫、１９７０年

（注4）清水久男「古今東西トイレよもやま話」大田区立郷土博物館編『トイレの考古学』東京美術、1997年所収

（注5）森田英樹「日本のトイレの歴史」日本トイレ協会編『トイレ学大事典』2015年所収

（注6）稲村光郎『ごみと日本人』ミネルヴァ書房、2015年

（注7）井関和朗「住宅公団とトイレ」日本トイレ協会編『トイレの研究』地域交流出版、1987年所収

（注8）当初は団地の戸数が比較的少なかったため、し尿浄化槽で処理していたが、団地の規模が大きくなると生活排水による河川などの汚染原因として問題となったため、浄化槽（コミュニティプラント）の開発でも先鞭をつけた。

コラム

温水洗浄便座の普及

日本のトイレの変革は、水洗化、洋式化に加えて温水洗浄便座の普及も重要である。水洗化とともに温水洗浄便座の普及が日本のトイレを劇的に変えた。イスラム圏や東南アジアでは用便の後、水で洗うという習慣があるが、お湯で自動で洗浄してくれるというようなトイレは日本以外にはほとんどみかけない。外国人が日本のトイレが快適だという大きな理由は、温水洗浄便座が広く普及していることにある。

温水洗浄便座は、１９６７年に伊奈製陶（現ＬＩＸＩＬ）が、１９６９年に東洋陶器（現ＴＯＴＯ）が発売し、１９８２年のＴＯＴＯのテレビＣＭ「おしりだって洗ってほしい」と商品名の「ウォシュレット」が認知を広めるきっかけとなり、現在では一般世帯での普及率は約80％、１００世帯あたりの保有数量は１００台を突破している（注）。

温水洗浄便座には多少なりとも環境に対して負荷をかけているという後ろめたさはあるが、快適さには代えられないのが実情であろう。

（山本耕平）

（注）（一社）日本レストルーム工業会ホームページ（トイレナビ）https://www.sanitary-net.com/

温水洗浄便座の普及率推移

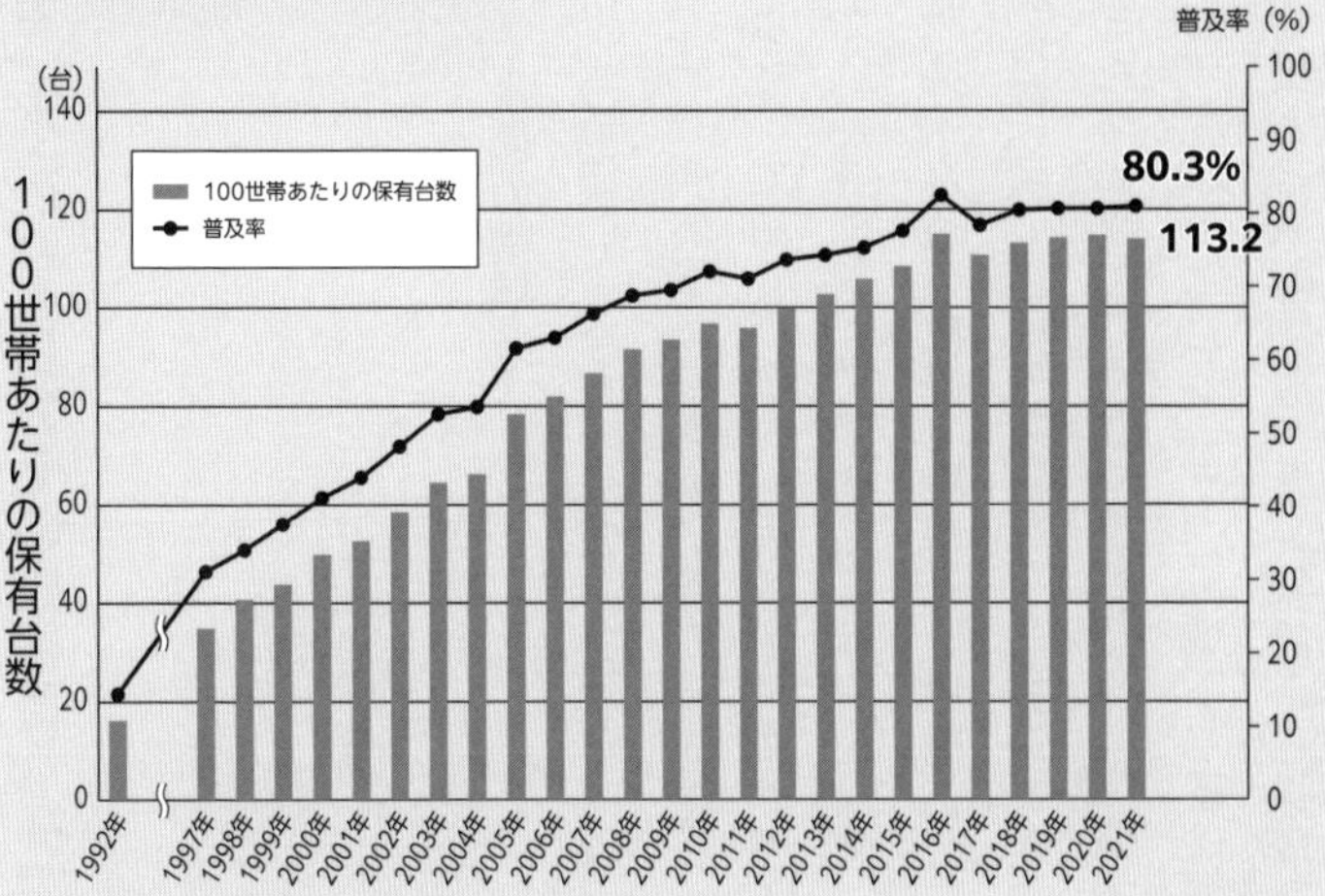

※グラフは一般世帯の普及率、保有状況（一般世帯：全国の一般世帯のうち外国人・学生・施設等入居世帯、世帯人員が１人の単身世帯を除く世帯）
※普及率：所有している世帯数の割合
※保有数量：100世帯あたりの保有数
出典：内閣府「消費動向調査」（(一社)日本レストルーム工業会のホームページより）

2 — 水洗トイレのその先はどうなっているか

(1) —— 下水道の仕組み

①下水道の種類

下水道法によると、公共下水道とは「主として市街地における下水を排除し、又は処理するために地方公共団体が管理する下水道で、終末処理場を有するもの又は流域下水道に接続するものであり、かつ、汚水を排除すべき排水施設の相当部分が暗渠《あんきょ》である構造のものをいう」（下水道法第2条第3号）と定めている。(注1)

公共下水道の設置・管理は、原則として市町村が行うこととなっている（市町村だけでは設置が困難な場合は都道府県が行うことができる）。

また河川などの水質を守るために、公共下水道から汚水を集めて流域単位で処理する下水道を、流域下水道という。流域下水道は都道府県が設置、管理している。流域下水道は、幹線管渠《かんきょ》と終末処理場の基幹施設から構成され、これにつながる公共下水道（流域関連公共下水道という）は各市町村が設置、管理している。

下水道には汚水だけでなく雨水を河川などに放流する目的もある。汚水と雨水を一つの下水道管で集める方式を「合流式下水道」といい、それぞれ別の下水道管で集める方式を「分流式下水道」という。雨量が少ないときは、汚水と雨水は下水処理場で一緒に処理されるが、降水量が多くなると汚水混じりの雨水が河川などに放流されることになる。

分流式は雨水専用の管を敷設する必要があるため費用がかかる。そのため下水道整備が急がれた東京などの大都市では合流式が採用された。東京23区の約8割は合流式下水道で整備されている。

②下水道の施設

公共下水道は　下水道管（管渠）、ポンプ場、下水処理場（終末処理場）から構成されている。道路の下に網目のように下水道管を張り巡らし、河川や海域などの公共用水域（水質汚濁防止法によって定められる、公共利用のための水域）に放流される。ちなみに下水道処理施設は2017年度で約2万2000か所、管路延長は約47万km（およそ地球12周分）となっている。

まず各家庭から出た汚水は枝管から道路に埋設された下水道の本管（幹線）に流れる。下水道管は緩やかに傾いていて、基本的には高い方から低い方へ自然流下するようになっている。下水道では水洗トイレの水だけでなく台所や洗濯、風呂などで使ったすべての生活排水が流れる。

下水道の行き先は下水処理施設である。下水処理施設は自然流下してきた下水を受け止めるために低い場所につくられる。だいたい流域の川の下流や河口の近くである。処理場では微生物の働きで水を浄化し、放流できる基準まできれいになった水は河川や海に放流される。また一部は「中水」としてトイレの洗浄水などとして使われることもある。

下水処理したあとには汚濁物や微生物の死骸が汚泥として残る。この汚泥は脱水して濃縮したあと焼却や埋立処分する。近年は濃縮した汚泥を堆肥化したり、焼却灰をセメントの原料として活用したりするなどリサイクル率も上がってきているが、後述するように汚泥の処理過程で発生する温室効果ガスの対策が大きな問題である。

③下水処理の技術

下水処理場では、沈砂池、第一沈殿池（最初沈殿池）、反応槽、第二沈殿池（最終沈殿池）、塩素接触槽の順に、プールのような池に下水を流す過程で行われる。

まず沈砂池で大きなごみや土砂類を沈殿させて除去する。次に第一沈殿池で下水をゆっくり流し、沈砂池で沈降しきらなかった沈みやすい小さなごみなどを沈殿させて除去する。

汚水処理の心臓部が反応槽（反応タンク）で、下水と微生物の入った汚泥（活性汚泥）に大量の空気を送り込み、6〜8時間ほどかき混ぜる。空気を送り込むことで、下水中の汚れを微生物が分解し、細かい汚れは微生物に付着して沈みやすいかたまりになる。汚れを分解して増えた微生物のかたまりをフロックという。フロックは泥のように見えるので、活性汚泥と呼ばれる。

第二沈殿池では、反応槽でできた活性汚泥のかたまりを3〜4時間かけて沈殿させる。この上澄みを処理水という。沈殿した汚泥の一部は再び反応槽に戻し、残りは汚泥処理施設で処理する。

最後に塩素接触槽で処理水を塩素消毒して、川や海に放流する。この方法を標準活性汚泥

終末処理場の仕組み

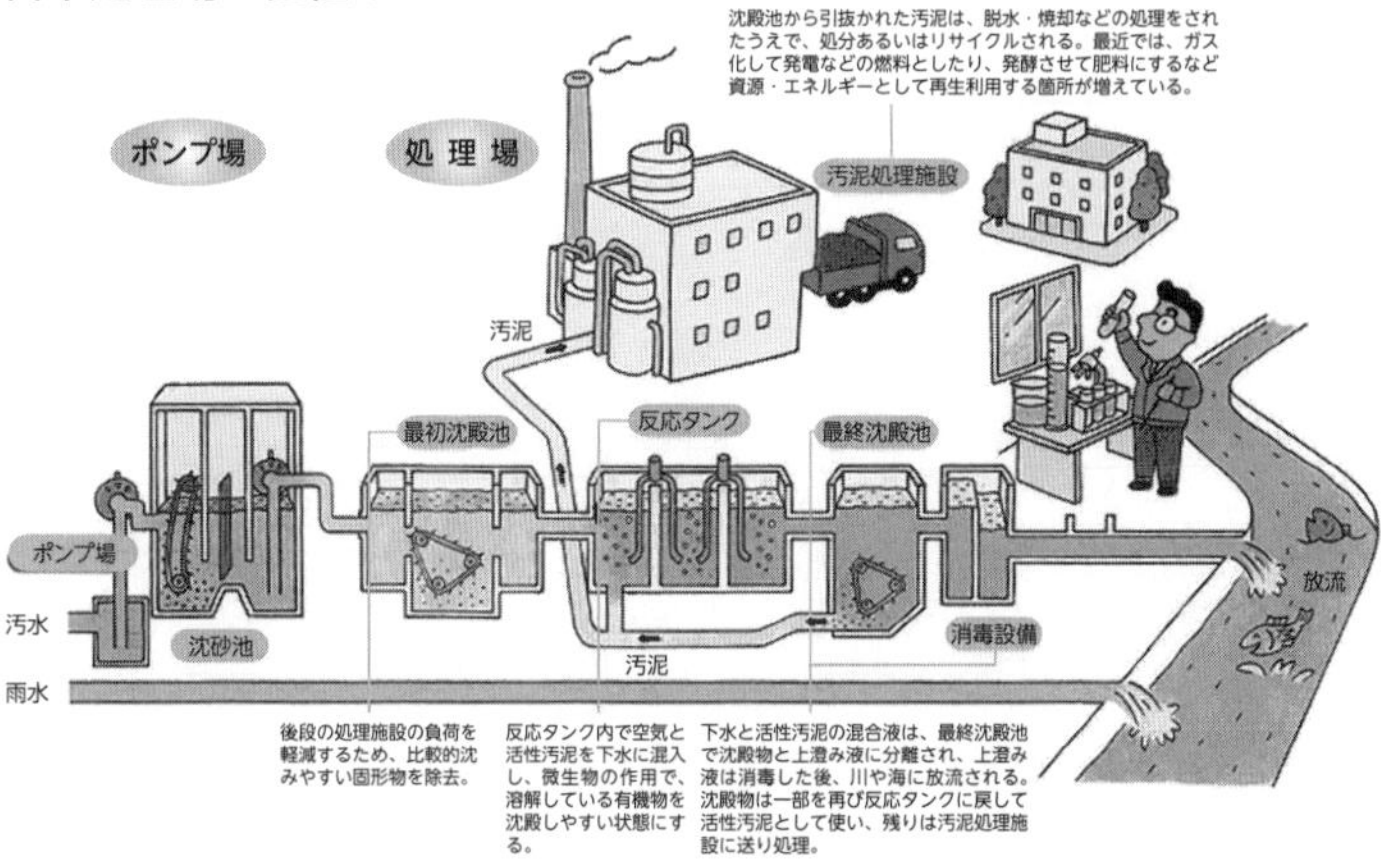
沈殿池から引抜かれた汚泥は、脱水・焼却などの処理をされたうえで、処分あるいはリサイクルされる。最近では、ガス化して発電などの燃料としたり、発酵させて肥料にするなど資源・エネルギーとして再生利用する箇所が増えている。
ポンプ場
処理場
汚泥処理施設
汚泥
最初沈殿池
反応タンク
最終沈殿池
ポンプ場
汚水
沈砂池
雨水
汚泥
消毒設備
放流
後段の処理施設の負荷を軽減するため、比較的沈みやすい固形物を除去。
反応タンク内で空気と活性汚泥を下水に混入し、微生物の作用で、溶解している有機物を沈殿しやすい状態にする。
下水と活性汚泥の混合液は、最終沈殿池で沈殿物と上澄み液に分離され、上澄み液は消毒した後、川や海に放流される。沈殿物は一部を再び反応タンクに戻して活性汚泥として使い、残りは汚泥処理施設に送り処理。

出典：国土交通省ホームページ
https://www.mlit.go.jp/crd/sewerage/shikumi/pdf/p84.pdf

法という。この技術をベースにして、処理後にさらにプロセスを追加したり、標準活性汚泥法とは異なる反応タンクの構造や運転方法を取り入れたりしてさらに水質を向上させることを「高度処理」という。高度処理は処理水の放流先が湖沼などの閉鎖性水域の場合や、水質規制が厳しい場合など、富栄養化の原因となる窒素やリンを除去するために行われている。

（山本耕平）

(2)――水洗トイレと下水道がもたらす海の汚染

①水洗トイレの環境負荷

毎日確実に「私」はウンチとオシッコを排泄《はいせつ》しなければならない。発生源である「私」は1日どれだけの汚濁の負荷を排出しているのか。水洗トイレから流れた先を考えてみよう。水洗トイレの環境への負荷は調査した時期や機関によって多少違いがある。図１は国土交通省のデータで、一人1日あたりの汚濁負荷量である。BODやCODは雑排水（台所・風呂・洗濯など、トイレ以外の排水）の負荷量が大きいが、トイレは逆に窒素、リンの割合が排水全体の6～7割となる。

BODとCODは有機物の汚れを表す。BODは生物化学的酸素要求量といい、微生物が水中の有機物を食べるとき必要な酸素の量である。ＣＯＤは化学的酸素要求量といい、水中の有機物が化学的に酸化されるときに消費される酸素の量である。Ｔ－Ｎ、Ｔ－Ｐは窒素、リンのことで、閉鎖系水域で富栄養化現象の原因とされている。河川の環境基準はＢＯＤで、湖沼や海域ではＣＯＤ、窒素、リンで評価されている。

水洗トイレの排水は、雑排水と一緒に下水道や浄化槽などで処理されて、河川、最終的に海へ放流される。処理された後のおおよその汚濁負荷量は、どの項目も単独処理浄化槽＞汲《く》み取り＞合併浄化槽＞農村集落排水施設＞下水道終末処理場の順に量が少なくなる

図1　一人一日あたり汚濁負荷量

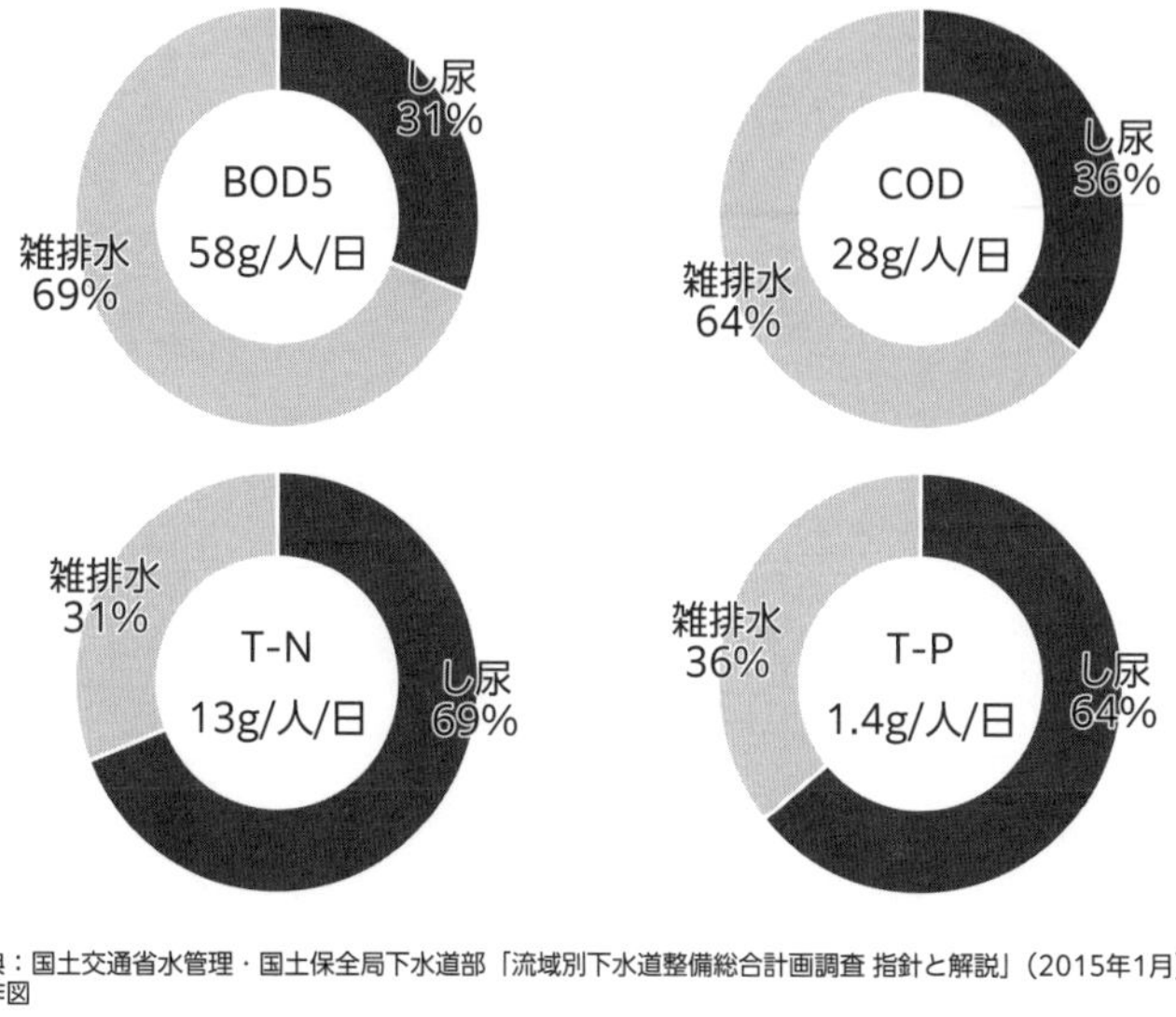

出典：国土交通省水管理・国土保全局下水道部「流域別下水道整備総合計画調査 指針と解説」（2015年1月）より作図

（表１）（単独処理浄化槽は現在は法律で禁止されている。２１３頁参照）。

②下水道からし尿が漏れる？

また前述したとおり、下水道には合流式下水道と分流式下水道があるが、合流式下水道では、下水管を流れる能力を越える雨が降ったときには、雨水とともに汚水もいっしょに処理場に行く前に川に排水する仕組みになっている。また処理場に至っても処理しきれない量は、「沈澱《ちんでん》と消毒」の簡易処理によって放流されている。「公共下水道があるからわれわれは昔のように川や海を汚す原因者ではない」と信じていたら、途中の管渠からも終末処理場からも、未処理の水が漏れていたということになる。

表１　排水の処理による放流水の負荷量（単位：g/人/日）

処理方式	水量：（L/人/日）	BOD	COD	SS(※)	T-N	T-P	備考
下水の終末処理（標準活性汚泥法の場合）	250*	1.1	2.6	—	3.8	0.28	合流式下水道は雨天時に一部未処理排水があり、その実態が把握できていない
農村集落排水施設	317	4.9	5.0	2.4	6.1	0.63	
合併処理浄化槽	297	10.9	7.7	10.8	6.5	0.75	トイレと雑排水を処理
単独処理浄化槽	40~50（200）	3.8~4.8（40）	4.1~5.2（18）	3.1~3.9（24）	5.2~6.6（4.0）	0.56~0.70（0.5）	し尿のみ処理し、雑排水は未処理で放流。現在新設禁止。カッコ内は雑排水負荷量
雑排水との合計	250	44.3	22.7	28	8.0	1.13	数値に幅があり平均値で計算
汲み取り	200	40	18	24	4.0	0.5	雑排水は未処理で排水

（※）　浮遊物質（水中に懸濁している不溶解性物質）
出典：国土交通省水管理・国土保全局下水道部「流域別下水道整備総合計画調査指針と解説」（2015年1月）より作成

越流水の割合は発表されていないが、処理場における簡易処理の割合は東京都区部の処理場では受入量の約1割である。

この2点からも下水道による水質汚染の事象が問題視されている。下の写真からは、2日間で95㎜とまとまった雨が降った際に、各河川から汚れた水が筋になって東京湾へ注いでいる様子がわかる。

（高橋朝子）

(3)——東京湾の水環境の実態とトイレ

①東京湾では生活系の汚濁負荷が7割

下水の処理水は河川や海に放流される。東京都、神奈川県、千葉県、埼玉県では最終的に東京湾に流れ込むことになる。

東京湾は流域面積約7600㎢（全国の2・0％）に2880万人（全国の22・7％）の人口を抱え、汚水処理率（水洗トイレ化率）は95・4％である。また、2018年度実績では、東

降雨後の東京湾

出典：和波一夫（東京都環境化学研究所）「東京の水環境　過去・現在・今後の課題」公開研究発表会資料、2016年1月7日

京湾では生活系の汚濁負荷が約7割を占め、同じ閉鎖性海域の伊勢湾、瀬戸内海では3~5割であることと比べると突出している。(注2) また、湾の面積(13・8万ha)の2割に当たる2・6万haが埋め立てられたことも問題だ。特に水質浄化に役立つ干潟は1950年代以降に8000haが失われ、8分の1に減少したことで、水質浄化力が小さくなった。

下水道などから河川経由で流入する汚染負荷は湾内に蓄積され、特に湾奥部ほど海水の交換が悪く、水質および底質が悪化している。夏季における貧酸素水塊の発生が、湾奥部の特に底層で頻発し、生物多様性・生物生産性が少ない傾向にある(図2)。貧酸素水塊とは、水中に溶けている酸素の濃度が魚介類の生息できない濃度以下になった水の塊のことをいう。富栄養化でプランクトンが異常発生すると、死骸が海底にたまり、それを微生物がさらに酸素を

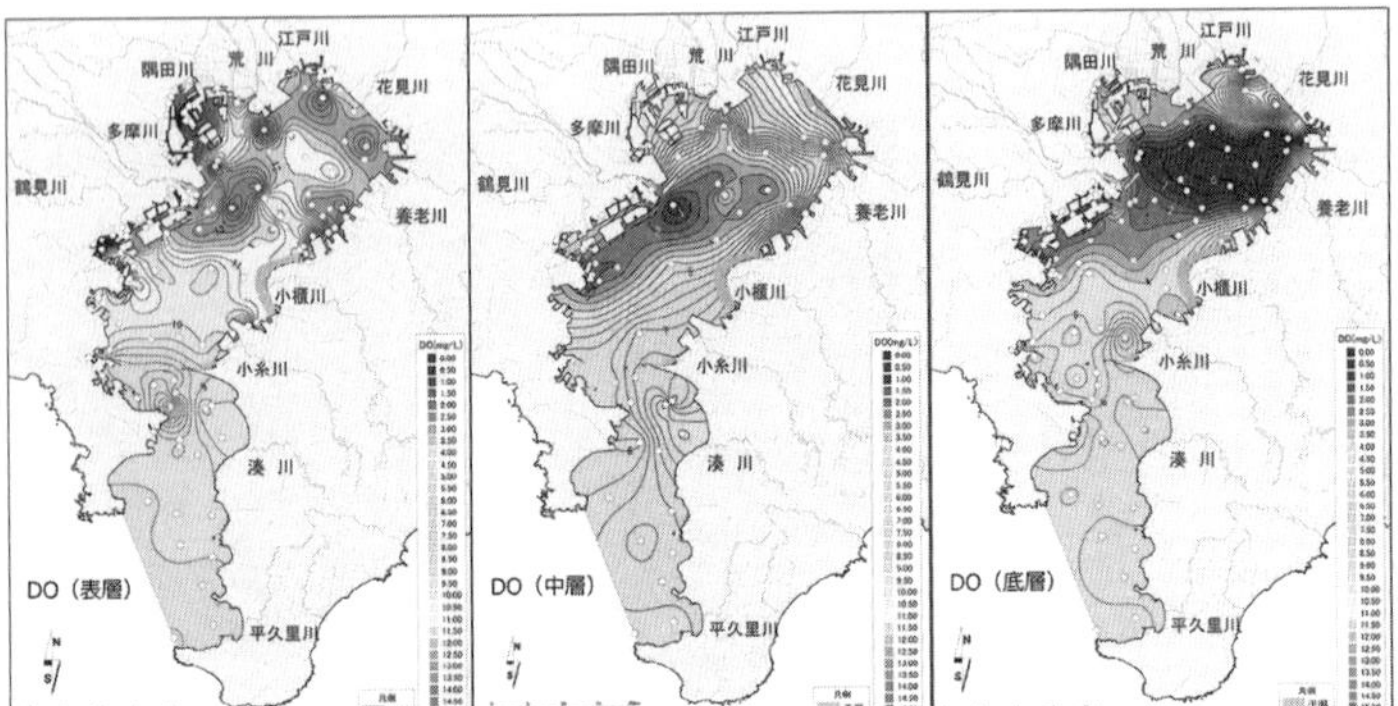

表層は水深1mまでの平均、中層は水深の半分から±1mの平均、底層は海底上1mまでの平均を示す。

図2　2020（令和2）年8月5日における東京湾のDO（溶存酸素量）の状況

出典：「令和2年度東京湾環境一斉調査調査結果」2021年3月https://www.env.go.jp/press/109350.html

使って分解するため、海底の酸素の量が少なくなる。通常は潮汐や風によってかき混ぜられて、酸素が多い表層の海水が底層まで届くのだが、夏に表層の水温が高くなると密度が低くなるため、ちょうど蓋をしたような状態でかき混ざらなくなり、底層は酸素が少ないままになってしまう。こうして水生生物が生きられなくなるとともに、底質からリンなどが溶出し、富栄養化が促進される。また、硫化水素や硫化イオンが発生し、青潮の原因ともなる。現在は規制があるが、水質汚濁防止法以前に排出された重金属も底質に一緒に存在している。

その原因の7割が、私たちが排出している生活排水で、富栄養化の原因である窒素、リンはし尿の割合が高い。また人間由来の汚濁である産業、農業、畜産なども含めると、東京湾への汚濁負荷はさらに増える。

②東京湾流域の窒素循環は壊れている

図3は、東京湾流域における窒素の収支を1935年と1990年で比較しているものである。窒素の流れが東京湾流域でどのように供給・使用されて東京湾へ流れていくかが数字でマクロに見られる。

窒素は主に人間の食生活に関係している。まず、東京湾流域に供給された窒素は、1935年には1日あたり98・2トンが外部からの食料として入ってきて、85・7トンが飼料や肥料として流域内で循環していたが、55年後の1990年には、人口の増加と食生活の変化で外部から食料として294・8トン、ほかに家畜の飼料として93・8トン、化学肥料として56・4トンが新たに加わり、外部からの窒素供給量は約4・5倍になっている。

一方、東京湾へ流出する窒素は、し尿が農地還元されていた1935年では生活系からの排出は雑排水が主で、最終的に約20トンが東京湾に流出していたが、1990年では下水道処理場や浄化槽によって汚濁負荷が若干回収されてはいるものの、下水処理場から103・6トン、その他の生活系が67・0トンの計約170トンと8・5倍になっている。223頁の図1に示したように、一人1日あたりの汚濁負荷量の窒素(T－N)割合のうち、し尿由来が69%なので、し尿由来の窒素は約120トン(170トン×69%)と推定される。東京湾の富栄養化の原因は、水洗トイレによる

図3　東京湾流域における窒素収支の変遷

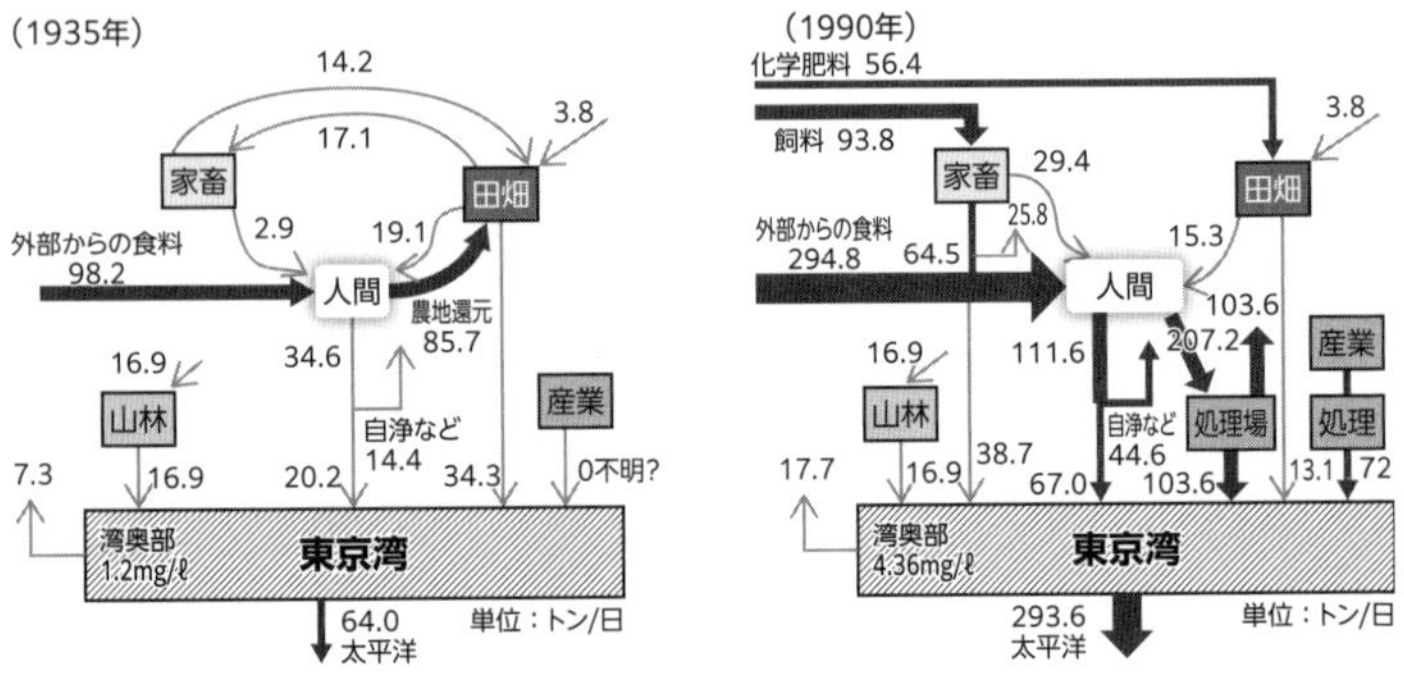

出典：小倉紀雄（注3）編『東京湾――100年の環境変遷』恒星社厚生閣、1993年発行より作図

ところが大きいのである。

ちなみに、家畜や農耕地の窒素も人間の食料生産のためなので人間由来と考えると、1935年はあわせて約55トン／日で、1990年が222トン／日と1935年の4倍であった。産業系も含めると5・4倍となる。

この原因としては、まず人口が極度に集中したことによって食料が流域外から持ち込まれるようになったこと、農耕地は宅地化され耕地面積が減ったが人間や家畜の排泄物を使う循環が断ち切られ外部からの化学肥料が使われるようになったこと、現在は窒素の回収を下水処理場が主に担っているが50％程度であることなどが挙げられる。窒素循環と同じようにリンも同様なことが言える。

③日本中どこでも水洗トイレは適切か

下水道は都市の衛生や公共水域の水質・環境保全のためのインフラとして、長年にわたって整備が行われてきた。水洗トイレが使えるのは、水道と下水道という国土を縦横に走るパイプラインのおかげである。われわれの社会はこれらのインフラを整備・維持するために、多額の費用とエネルギーを使ってきた。しかしすでに脆弱な地方財政は、老朽化するインフラへの対応が困難になりつつある。人口減少化の社会においては、すべての地域で下水道に頼ることは必ずしも合理的ではない。日本中どこでも現在のような水洗トイレのシステムを使い続けていくことは、持続可能ではないように思える。

また下水道は完璧に水を浄化してくれるわけではないことも知っておく必要がある。標準的な処理方法では窒素やリンの約50％を除去できるが、閉鎖性水域ではさらにリンや窒素を除去する「高度処理」が行われるようになっている。国は公共水域の水質改善のために高度処理を増やす方針を示しているが、下水処理の事業主体である地方自治体は財政面や下水道料金にもはね返るから、進めたくとも進められない状況にある。またその効果も限られている。

たとえば東京都23区では、処理場で受け入れた下水の約15％（２０２０年度実績）、多摩地区の流域下水道では74％、あわせると26％が高度処理されている。窒素やリンが高度処理により30％除去できるとしても、東京都全体で０・２６×０・３＝０・０７８＝７・８％しか削減できていない。

高度処理は東京湾に排出される汚濁物質の総量を一定量以下に削減する（総量規制）の一つの対策ではあるが、技術的な限界もある。下水道に流せばなんでもきれいにしてくれるというわけではない。水洗トイレは下水道にとっては入口だ。東京湾の汚染の源はわれわれの暮らしにあることを忘れてはならない。

東京湾を水質面から俯瞰《ふかん》してきたが、魚介類や干潟の豊かな生態系があった姿に戻ることはできるのだろうか。確かに現在の水処理技術では下水処理水も飲み水にできるが、エネルギーと処理コストがかかり、SDGsが取り組まれている時代には現実的でない。そもそも、東京湾流域の環境容量以上に人口、産業が集積しすぎて、自然の循環のバランスが崩れた状態になっていることが問題だ。大災害ではライフラインに頼る都市の機能は崩壊する危険性がある。多様な水源、排水処理、雨水管理などを自然の循環を補完した柔軟なまちづくりを行政だけでなく、産業、市民を含め多面的に進め、東京湾の再生を望みたい。

（高橋朝子）

（注1）下水道法上の下水道と同様に汚水を処理する類似施設として、合併処理浄化槽やコミュニティプラント、農業集落排水施設がある。コミュニティプラントは住宅団地などで複数の家庭の汚水を処理する施設、農業集落排水施設は農村地域の小規模な汚水処理施設。下水道以外は小規模分散型の処理施設である。

（注2）数値は「第9次水質総量削減の在り方について」（中央環境審議会、2021年3月25日）より。

（注3）東京農工大学名誉教授で『調べる・身近な水』（講談社、1987年）や『市民環境化学への招待――水環境を守るために』（裳華房、2003年）などの著者。川の水質調査を市民自ら行い、実態をつかんで原因を考え、問題解決の活動につなげるという活動を一貫して実施している。

3　これからの持続可能なトイレシステム

(1)――水資源から考えるトイレ問題

①日本はほんとうに水に恵まれた国か？

日本は雨が多く、水に恵まれた国だと多くの国民が思っている。「令和3年版　日本の水資源の現況」（国土交通省）によると、日本の年降水量は約１６９７㎜で、これは世界（陸域）の年降水量である約１１７１㎜の約１・４倍で、確かに雨は多い。

しかし一人あたり年降水総量（年降水量×国土面積÷人口）でみると、日本は約５０００㎥／人・年となり、世界の一人あたり年降水総量約２００００㎥／人・年の４分の１程度になる。さらに一人あたり水資源賦存量（理論上利用可能な水の量、降水量から蒸発散によって失われる量を引いて算出する）を海外と比較すると、世界平均約７３００㎥／人・年に対して日本は約３４００㎥／人・年と２分の１以下である。首都圏だけで見ると北アフリカや中東諸国と同程度で、水に恵まれた国というイメージとは大分違ってくる。

わが国では10年に1回程度の頻度で生じる渇水（降水量が平年より少ない状況）を想定して、ダムなどの施設が計画されているが、これよりさらに降水量の少ない年には水不足状態となり、水道の時間給水や断水といった事態に追い込まれることもある。

大規模な渇水はこれまで何度も起きている。前回の東京オリンピックが開催された1964年の「東京大渇水」（東京オリンピック渇水）では、小河内ダムや村山貯水池などの東京の水がめの総貯水量が満水時の1・6％まで落ち込み、50％もの節水を強いられた。都民は入浴はもとより炊事や洗濯もままならなくなり、多くの商店や医療機関

世界各国の降水量など

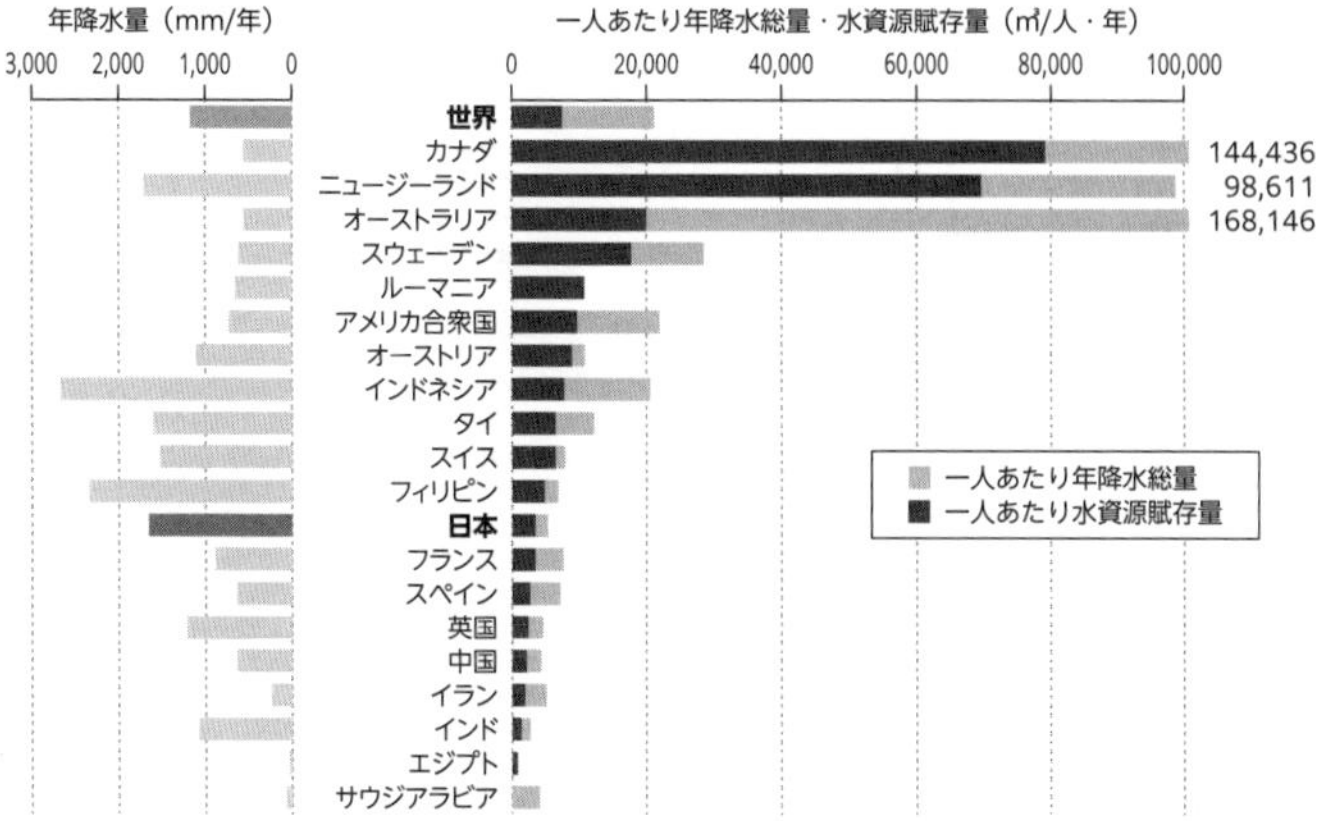

(注1) FAO（国連食糧農業機関）「AQUASTAT」の2021年6月アクセス時点の最新データをもとに国土交通省水資源部作成。
(注2) 一人あたり水資源賦存量は、「AQUASTAT」の［Total renewable water resources（actual)］をもとに算出
(注3)「世界」の値は「AQUASTAT」に［Total renewable water resources（actual)］が掲載されている200か国による。
出典：「令和３年版　日本の水資源の現況について」https://www.mlit.go.jp/common/001371908.pdf

までが水不足で休業を余儀なくされたという。当然のことながら水洗トイレも使用禁止となったが、当時は幸いにして家庭のトイレはほとんど汲《く》み取りだった。

近年では１９９４年に日本全体で大渇水にみまわれた。特に福岡市では夜間断水の期間が２９５日にのぼった。琵琶《びわ》湖を水源とする京都や大阪でも給水制限が行われるなど、水道水の断水や減圧給水により一度でも影響を受けた人口は全国で約１６００万人に達した。

ちなみに東京では１３００万人の人口を支えるために確保している水源の内、自前の水源は19％にすぎず、残りは利根川、荒川、相模川など東京以外の水系の水資源に依存しているということも認識しておく必要がある。

日本の降水量は季節ごとの変動が激しく、梅雨期と台風期に集中している。さらに気候変動の影響によって強い雨が増加している一方で降水日が減少している。積雪地帯では雪が少なくなり、水資源を融雪に多く依存する地域では春先以降の水利用に大きな影響が生じる可能性もある。トイレの水も地球環境問題と無縁ではないことを想像してみようではないか。

②水の使用量の20％以上をトイレが占める

さて実際にわれわれはどれくらいの水をトイレに流しているのだろうか。「令和３年版日本の水資源の現況」では、２０１８年における全国の１年間の水使用量（取水量ベース）は、合計で約８００億㎥で、用途別にみると農業用水が最も多く約５３５億㎥で67%を占め、生活用水（生活用水には、家庭用の水と事業用の水、公園の噴水や公衆トイレなどに用いる公共用水などを含む）が約１５０億㎥で19%、残りの１０５億㎥は工業用水[注1]である。人口で割った生活用水の使用量は一人１日あたり２８７ℓである。

東京都水道局によると家庭で一人が１日に使う水の量は、平均２１４ℓ（２０１９年度）程度で、内訳は風呂が40%、トイレが21%、炊事が18%、洗濯が15%となっている。トイレには１日あたり約45ℓ使っていることになる。

人間が生存していくために必要な水分摂取量は１日あたり２・５ℓ前後とされる。食物から１ℓくらい摂取しているので、飲用水としては１日１・５ℓ程度あればよい。節水型の便器では１回に約６ℓ程度の水を使うので、生存に必要な水の４日分を毎回流しているということになる。

飲み水は災害用に備蓄するのも容易で、緊急時には水道局や自衛隊などの給水車による給水が行われる。ちなみに総務省消防庁によると、災害時に断水したときの給水車での応急給水は、災害発生から２〜３日の間は飲料水として一人１日あたり３ℓ、１週間〜10日後では最低限の生活用水として一人１日約10〜20ℓが目安とされている。災害では水道の復旧に１か月以上要した例もあるが、復旧に20日以上もかかるような場合には一人１日約１００ℓが目安とされている。
しかしこの量では平常時に使っている生活用水の半分以下なので、水洗トイレの水をまかなうには足りない。水洗トイレ用水は大量なので備蓄も補給も難しい。水洗トイレは、安定して水が供給される水道が前提であるシステムだということを、あらためて認識する必要がある。

③世界の水問題

地球の表面の3分の2は水で覆われていて、およそ14億㎦の水があると言われている。しかしその大部分は海水であり、淡水はわずか2・5％程度にすぎず、淡水の大部分は南極や北極地域などの氷や氷河として存在しているため、地下水や河川、湖沼などの水として存在する淡水の量は地球全体の水のわずか約0・8％しかない。さらにこの大部分は地下水であるため、河川や湖沼などの人が利用しやすい状態で存在する水に限ると、その量は約0・0

家庭での水の使われ方

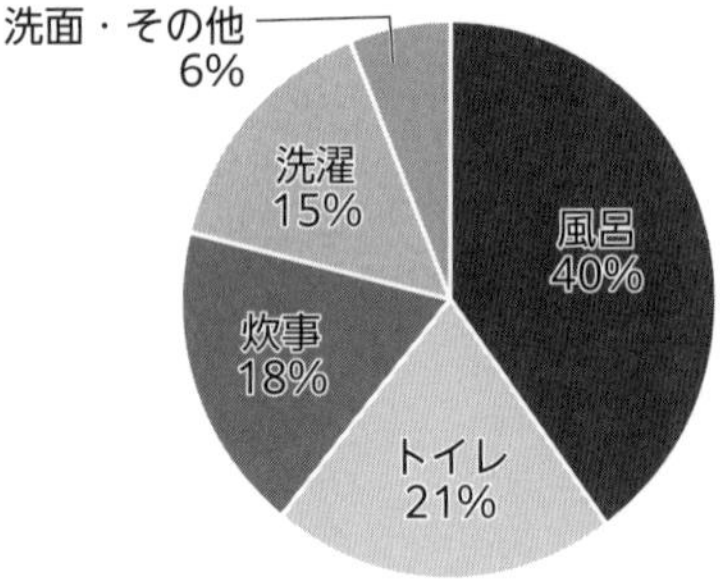

出典：東京都水道局「平成27年度　一般家庭水使用目的別実態調査」

世帯人員別の1か月あたりの平均使用水量

世帯人員	使用水量	世帯人員	使用水量
1人	8.1㎥	4人	23.1㎥
2人	14.9㎥	5人	27.8㎥
3人	19.9㎥	6人以上	34.1㎥

出典：東京都水道局「令和2年度生活用水実態調査」

1％（10万km³）でしかない。

SDGsの目標6は「安全な水とトイレを世界中に」で、2030年までに、「安全に管理された水」をすべての人に提供することが目標とされている。「安全に管理された水」とは、汚染されていない水源から必要なときにいつでも飲み水を手に入れることができることで、2020年時点でこれを利用している人は58億人。20億人は安全に管理された飲み水を使用できず、このうち1億2200万人は、湖や河川、用水路などの未処理の地表水を使用している。われわれは、この「安全な水」をトイレに流しているという事実を認識しておくべきである。

人間が使える水（水資源）は、河川や湖沼の水や降水に影響される範囲の地下水や湧水である。(注2) 水資源の存在量は降水量によるため、気候によって地域的な偏りが大きい。地球温暖化による気候変動の影響は無視できない状況になっており、乾燥地帯では

地球上の水

	水の種別	存在量（km³）	割合(%)
塩水 97.47%	海水	13億3800万	96.53
	塩湖の水、塩水地下水	1296	0.93
淡水 2.53%	氷河、万年雪	2436	1.76
	土壌水、地下水	1055	0.76
	湖沼の水、沼地の水	10	0.007
	河川の水	0.21	0.0002
	生物中の水	0.1	0.0001
	大気中の水	13	0.009
計		13億8600万	100

出典：松田芳夫「水洗トイレと水資源」日本トイレ協会編『トイレ学大事典』柏書房、2007年

ますます水を得ることが難しくなっている。

また水資源は自然まかせのままではなく、堰《せき》をつくったりダムで水を溜《た》めたり、水路をつくったりして人間が使いやすいようにする必要がある。安全な水にアクセスできない国の多くでは、こうした事業が十分に行われてこなかったことが大きな要因である。実は水資源の配分や利用、管理を適切に行えば水資源は足りているという。

国連開発計画（ＵＮＤＰ）はそのレポートの中で、地球上にはすべての人に行き渡らせるのに十分なだけの水量が存在しているが、国によっては水の流入量や水資源の分配に大きな差があるという問題点を指摘している。（注３）

世界各地で水不足をめぐって国家間紛争

世界の人々の飲み水へのアクセス状況（2020年時点）

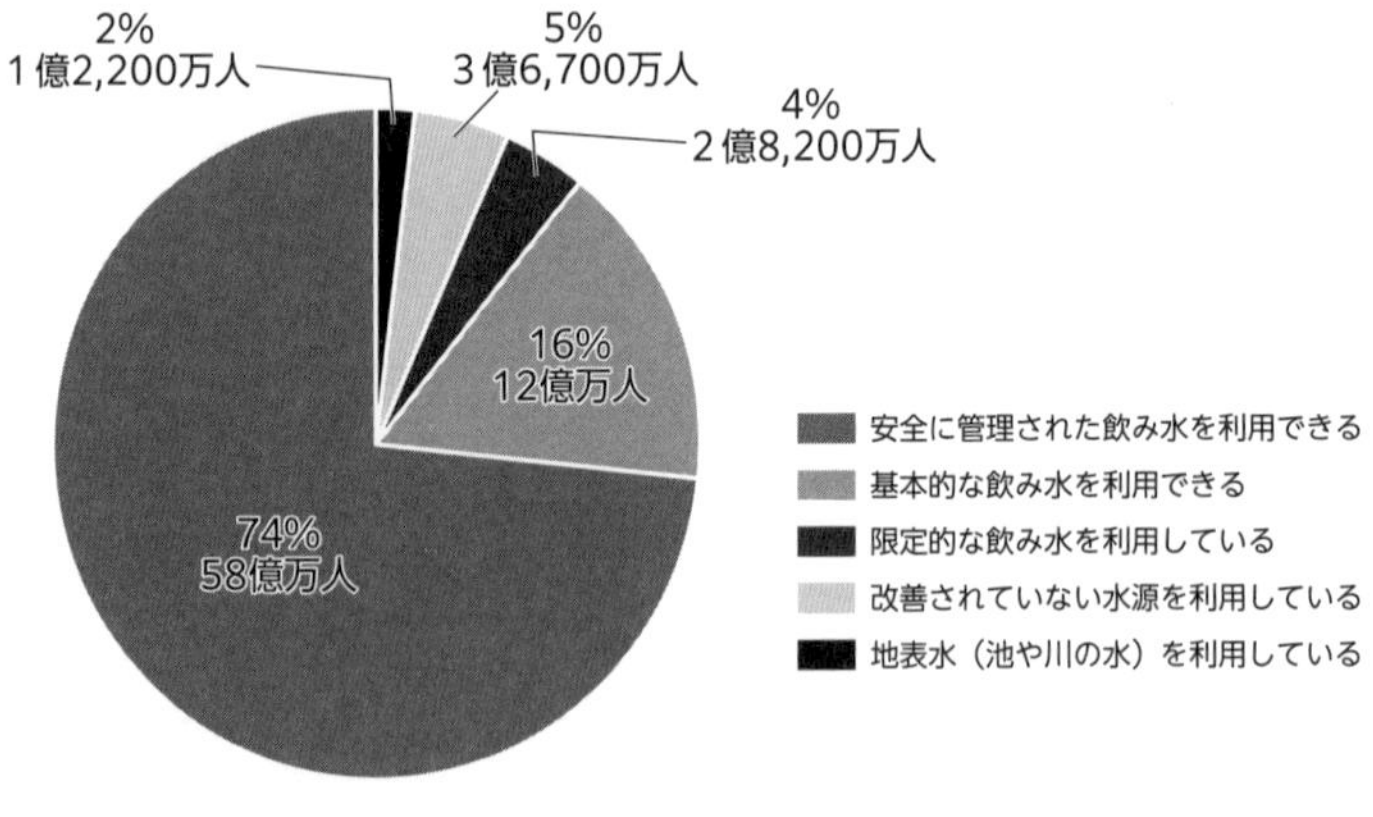

作成：UNICEF/WHO「Progress on household drinking water and sanitation and hygiene 2000-2020」より日本ユニセフ協会作成
出典：ユニセフＨＰ　https://www.unicef.or.jp/about_unicef/about_act01_03_water.html

が多発しており、国際河川をめぐって上下流の水争いが激しい。上流では豊富に水を使って水洗トイレを利用し、下流は水不足で下水処理された水を飲まされるというのでは争いは止まない。水洗トイレのシステムは都市の清潔のための装置であるが、今日の世界の水事情からはオルタナティブな技術やシステムが求められている。

（山本耕平）

（注1）工業用水は一度使用した水の再利用が進んでおり淡水補給量である。

（注2）降水量が少ない乾燥地域では、石油のように地中深くに埋蔵された「化石水」を汲み上げて農業に利用している地域もあるが、化石水は雨によって補充されないので石油と同様に枯渇が懸念されている。

（注3）United Nations Development Programme『人間開発報告書２００６』（国土交通省「令和3年版日本の水資源の現況」）

(2)――水洗トイレと地球温暖化

①水道1㎥あたりのCO_2

水洗トイレのシステムは、大量の水とエネルギーを使う。最新型の節水型トイレでは、洗浄の水は1回おおむね6ℓくらいで、4ℓという超節水タイプもある。だが、従来型の水洗トイレでは12～13ℓの水が流れる。

東京都水道局が「水道水におけるCO$_2$排出量計算ツール」をホームページで公開している。(注1) それによると東京の水道水（配水量）1㎥あたりの二酸化炭素（CO$_2$）排出量は、2020年度実績値で245gとなっている。一人1日あたりのトイレに使っている水の量約45ℓで換算すると、1年間で約4kgのCO$_2$を排出していることになる。これは約3本の木が1か月間に吸収するCO$_2$と同じ量になる。(注2)

②下水処理場からはCO$_2$の300倍の温室効果ガスが発生する

水道より下水道のほうが温室効果ガスの排出量は多い。下水道事業からの温室効果ガス（GHG＝Greenhouse Gas）総排出量は，日本全体からの排出量の0・5％を占めている。東京都では下水道局が排出する温室効果ガスは、都の事務事業活動全体の35%を占めている。

下水道では、CO_2以外に一酸化二窒素（N_2O）の排出が大きな問題である。[注3] 一酸化二窒素は代表的な温室効果ガスの一つで、地球温暖化係数は298。すなわち一酸化二窒素を1kg排出することはCO_2を298kg排出することと同じだ。下水道事業からの温室効果ガスは7割がCO_2で残り3割が一酸化二窒素であるといわれている。一酸化二窒素は下水の処理過程と汚泥の焼却によって生成され、ほとんどが大気に放出されている。

③水洗トイレから一人1年間約10kgのCO_2を排出している

処理量あたりの温室効果ガス排出量の算定は難しいが、トイレ機器メーカーで構成する「一般社団法人日本レストルーム工業会」では、上水と下水処理を含む家庭における水使用に由来するCO_2排出量を1m^3あたり540gと算定している。[注4] 前述の東京都水道局のデータからトイレに使用する水を1日45ℓとすると約17m^3の水を流していることとなり、年間では約9kgのCO_2を排出している計算になる。

また環境省などが公開している一人あたりのCO_2排出量（2020年度）は年間1840kgで、そのうち水道から（水道は、上下水道施設で使用するエネルギー起源CO_2）の発生量は1・8%、33kgとなっている。家庭用水のうちトイレの使用量を2~3割とすると、だいたい7

〜10kgという計算になる。CO_2の排出量は他の排出源に比べて小さいが、現在の水洗トイレはほぼ電気製品といってもよく、これ以外にもエネルギーを使っている。水洗トイレはライフラインに依存するシステムなので、災害で停電や断水すれば使えなくなる。その意味ではかつての汲み取りトイレにくらべて脆弱《ぜいじゃく》なシステムであることも認識しておく必要がある。

（山本耕平）

（注１）東京都水道局ホームページ「くらしと水道」 https://www.waterworks.metro.tokyo.lg.jp/kurashi/co2.html

（注２）「くらしと水道」の「CO_2計算ツール」による。50年生スギ１本が１年間平均で吸収するCO_2を約14kgとして

一人あたりのCO_2排出量（2020年度）

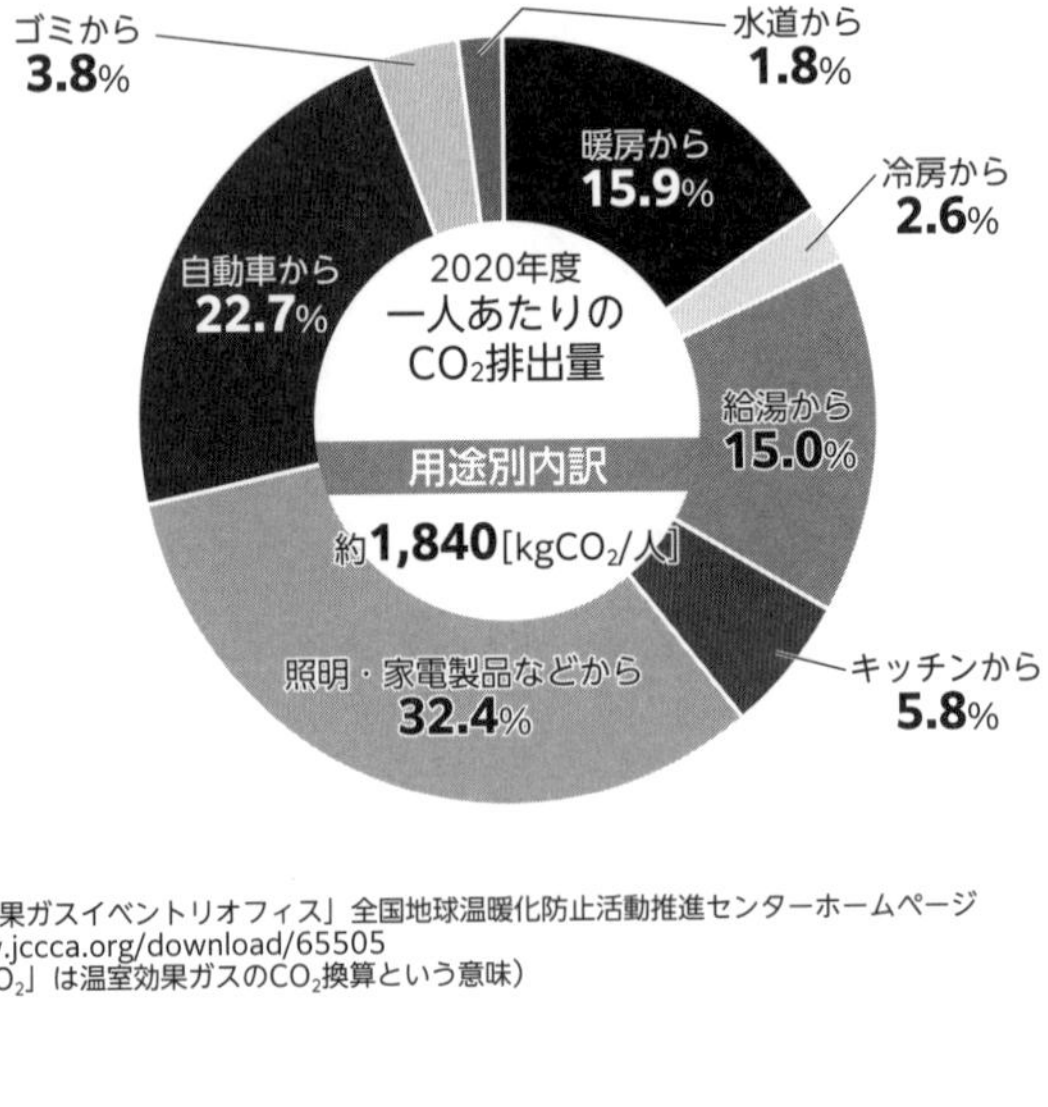

出典：「温室効果ガスインベントリオフィス」全国地球温暖化防止活動推進センターホームページ
https://www.jccca.org/download/65505
（図中の「kgCO_2」は温室効果ガスのCO_2換算という意味）

計算。

（注3）温室効果ガスには二酸化炭素（CO_2）のほか、メタン（CH_4）、一酸化二窒素（N_2O）、フロン類など7種類がある。二酸化炭素を1とした場合の温室効果の程度を示す値を地球温暖化係数という。温暖化係数は温室効果を見積もる期間の長さによって変わる。１００年間で比較して、メタンは二酸化炭素の約20倍、一酸化二窒素は約３１０倍、フロン類は数百～数千倍となる。

（注4）一般社団法人日本レストルーム工業会トイレナビ　https://www.sanitary-net.com/trend/standard/standard-co2.html

(3)——持続可能なトイレシステムとは

①水問題にどう取り組んでいくか

高度に集中した都市は様々なライフラインに支えられている。前述したように、水洗トイレに不可欠な水道と下水道だけでなく、電気、ガス、通信など、網目のように張り巡らされた「経路」に、私たちの生活は支えられている。しかし、大規模地震や水害などが多い日本ではライフラインだけに頼るのではなく、ライフラインを補完する多様な「ライフポイント」を暮らしの中につくっていく必要がある。

大規模な災害ではライフラインは脆弱だ。ラインなので、どこかが途切れると全体に影響する。そのために水道管や下水道管の耐震化が進められているが、莫大な経費と時間がかかる。その対策として、分散型、自立型、ネットワーク型のインフラ設備（＝ライフポイント）について考えていく必要がある。たとえば太陽光発電はエネルギーの自給を可能にする。蓄電池と組み合わせることで夜間の電力もまかなうことができる。水についても分散型のシステムを考えていく必要がある。

水問題がこれからますます深刻になることは、国際社会でも共通の認識である。もともと水資源に乏しい地域だけでなく、日本でも気候変動によって降水量の変動が大きくなると予想されており、強い雨が増加している一方で降水日が減少している。(注１) 大雨が降ってもすべてがダムに貯留されるわけではなく、豪雨が災害をもたらしダムは水が足りないということになる。

かつてはわれわれの排泄《はいせつ》物は車などの手段で処理施設に運んでいたが、水洗トイレは管路を水で運ぶシステムである。繰り返すが、水使用量の20％は水洗トイレで使っている。水洗トイレの節水機能はかなり進んで、現在では約４ℓという便器もある。しかしウンチをするたびに２ℓの大きいペットボトル２本分の水を毎回流していると想像してほしい。１９９０年代頃までは13ℓが主流だったので、この頃の住宅ではペットボトル６～７本もの水を流しているのだ。

このような視点からも、ダムと水道だけに頼らない水確保について考えていく必要がある。東京は自前の水源でまかなえる水は2割程度で、あとは流域外の水資源に依存している。都市の自前の水源として、雨水《あまみず》の利用を進めていくことが必要だ。雨水を下水道に流すのではなく、身近な水源として利用して、できるだけ遠くのダムに頼らなくてもよい社会を目指すべきだ。個人の住宅でも、飲料水や料理は水道水を使うとしても、水洗トイレの洗浄水や生活用水として雨水は十分に活用できる（コラム参照）。

都市での雨水利用はドイツや韓国、台湾などの国々で政策的に進められている。あまり知られていないが、２０１４年に「雨水の利用の推進に関する法律」(注2)が制定されている。雨水を水資源として活用していくことと同時に河川などへの負荷を低減することを目的とした法律である。

韓国では日本よりも早くに「水の再利用の促進及び支援に関する法律」（２０１０年）が制定され、ソウルでは大規模な雨水貯留施設のネットワーク化の取り組みも進められているという。(注3)

実は都市の雨水利用の先進都市は東京である。墨田区では錦糸町や両国周辺で大雨のたびに水があふれる事態が頻発したため、１９８０年代半ばに移転予定だった両国国技館の大きい屋根で雨を集めて利用することを相撲協会に申し入れて実現した。これを契機として区内の大規模施設（区内最大の民間施設は東京スカイツリー）では雨水の貯留と利用を義務づけている。また路地が入り組んでいる下町エリアでは、防災用の初期消火用として3〜10トン程度のタンクを地下に設置し、平常時は手押しポンプで汲《く》み上げて使っている。住宅の家庭用雨水タンクに助成金を交付している。

このような雨水利用を政策的に推進している自治体は、全国に増えてきている。

②グリーンインフラで下水道の負荷を低減する

下水道の役割は汚水の処理だが、合流式の下水道では雨水の排水も担っている。また住宅でも雨水が雑排水として下水道に流れる構造になっている場合もある。大雨の時には下水道から「し尿が漏れている」ということを書いたが、下水道への負荷を低減することは重要である。

そのためにはまず汚水としての処理が不要な雨水を、できるだけ下水道に流入させないようにする必要がある。その対策として、都市に人工的な緑地を増やして地下浸透させ、地下水涵養《かんよう》と洪水抑制につなげる方法がある。結果として郊外より都市部の気温が高くなる「ヒートアイランド現象」の緩和にも効果がある。このような自然環境が有する機能を社会における様々な課題解決に活用しようとする考え方を「グリーンインフラ」という（同様な意味で、NbS（Nature-based Solutions 自然を基盤とした解決策）という言葉もある）。

住宅では雨樋を下水道につなぐのではなく、雨水タンクに貯留したり、浸透ますを設置して降った雨水を地面に浸透させたりすることで、敷地からの雨水流出を抑制することができる。

③エコサニテーション

下水道が敷設されていないところでは、現在でも浄化槽が使われている。雑排水とトイレの汚水を一緒に処理する合併浄化槽はきちんとメンテナンスをすれば処理能力は高い。

浄化槽は生活排水が発生する場所で浄化して放流するため、下水道のような管路網を必要としない。放流先として河川に流れ込む水路などを流れる過程で自然の作用で浄化され、自然の水循環に近い。少量ずつ処理して放流するため、河川や水路などの水質や水量に大きな変動を与えない。適切に処理されたあとの水は、散水やトイレの洗浄水、災害時の緊急用水などとしても利用可能である。下水道の処理水を「中水《ちゅうすい》」として利用しているところもあるが、下水道には工業排水が混入するため重金属や有害物質による汚染のリスクがあり再利用しにくく、浄化槽ではそのような心配がない。何よりも下水道は人口の少ない地域では人口一人当たりの整備費用が高くなるが、浄化槽は人口の少ない市町村でも効率的な整備が可能で、分散型施設であるため、人口の減少などの変動に対応しやすい。(注4)

下水道が敷設され使えるようになると、必ず生活排水は下水道に流さなければならない。合併処理浄化槽を設置している場合でも、下水道につなぐ必要がある。下水道か分散型処理かは長年にわたって議論になってきたが、人口減少社会におけるインフラのあり方として大規模インフラに包摂してしまうという方向には疑問を感じる。

水洗トイレを前提として分散型処理について述べたが、上下水道のライフラインに極力頼らない自立的なトイレシステムは「自己処理型トイレ」と呼ばれている。自己処理型トイレには、トイレの洗浄水を処理してその水を循環利用する方式（循環型トイレ）、水を使わずにし尿を生物分解する方式（バイオトイレ）などがある。これらのトイレは基本的には使用する水は少量で、かつ電気をほとんど使用しないか消費電力が少ない。また処理水を公共用水域に放流しない、ほぼ自立的でクローズドなシステムになっている。これらのトイレは、山岳観光地や災害時の仮設トイレなどに実用化されている。

し尿を資源として取り扱うトイレシステムを「エコロジカルサニテーション」（エコサニテーション）という。明確な定義はないが、人間のし尿を土壌や植物の栄養に還元して、環境を汚染することなく自然の循環系に戻すシステムである。広義には自己処理型トイレもこの中に含まれるが、エコサニテーションでは特にし尿の資源としての利用に着目している。

し尿（便と尿）は混ぜてしまうと強烈なアンモニア臭がして、尿だけでは心配がない感染症のリスクが高まる。しかも泥状になるために扱いにくく衛生上の問題が大きい。したがって、便と尿を分けることができれば、衛生面においても資源利用の面でも効率的である[注5]。エコサニテーションのコンセプトは、①混ぜない（分ける）、②流さない、③無駄にしない（有効利用）、ということになる。分けたほうの尿は回収してそのまま農地還元し、便は別途回収して発酵させるなどの処理を行い肥料として利用する。便はそのままでは寄生虫や病原菌などの問題があるため、取り扱いには注意が必要である。

便はそのまま下の穴に落とし、尿は前方に受ける仕組みの便器は、もともとはスウェーデンで考案されたと聞いているが[注6]、日本でもすでに製品化され市販されており、インドでの活用が進んでいる（79頁参照）。

し尿分離型（セパレート型）便器（大央電設工業株式会社製）
出典：同社ホームページ　https://daiobio.co.jp/bio-toilet/bio-toilet-opption/separate-closet-bowl/

いずれにせよ、排泄《はいせつ》時に分ける方法、効率的に集める方法、資源として効果的に利用する方法を組み合わせた適正技術の開発が必要である。その前にこれまでのような大規模・集中のシステムから小規模・分散のシステムへの転換について、われわれの意識改革が重要である。水循環、窒素循環、リン循環など、自然が織りなす様々な循環に近い形で人々が暮らせる自立・自律した社会をつくる議論を深めることが必要である。

（高橋朝子・山本耕平）

（注1）「日本の気候変動とその影響」気候変動の観測・予測及び影響評価統合レポート２０１８（環境省　文部科学省　農林水産省　国土交通省　気象庁）

（注2）法律制定の背景、目的として「近年の気候の変動等に伴い水資源の循環の適正化に取り組むことが課題となっていることを踏まえ」、「雨水の利用を推進し、もって水資源の有効な利用を図り、あわせて下水道、河川等への雨水の集中的な流出の抑制に寄与することを目的とする」と掲げられている。公共施設などでの雨水利用施設の整備、国と都道府県が基本方針を策定して市町村が基本計画を定めて推進することなどが規定されている。

（注3）Kim Leeho「韓国における雨水管理の政策とビジネス」（第5回雨水ネットワーク会議（２０１２）資料集）

（注4）国立環境研究所のホームページ「環境展望台」環境技術解説―浄化槽

（注5）このことは災害時の携帯トイレにも応用できる。災害時に携帯トイレを使用する場合は、尿と便を分けて使うほうがよい。混合すると保管中の臭いや袋が破れたときの衛生的問題が大きい。便

の扱いに気をつければ保管、搬送も問題が少ない。携帯トイレがない場合でも、便だけを分別することで、衛生上の問題もかなり軽減できる。在宅避難の際の知恵として知っておきたい。

（注6）約20年前になるが、メキシコ、ベトナム、中国などでセパレート便器の普及活動を行っていたＳＩＤＡ（スウェーデン国際開発協力庁）の専門家ウノ・ウィンバルド氏から聞いた。尿は溜めて肥料として使い、便は堆肥化して使用されている。

コラム

雨水利用の水洗トイレ

筆者が所属するNPO法人雨水市民の会は、身近な雨水をためて水資源として有効に使い、浸透させて下水道への負荷を減らし、都市の水循環を少しでも取り戻すことを目指して、1995年から活動している。井戸や雨水活用はライフラインに対してライフポイントである。雨水は比較的きれいな屋根などから集めれば、災害時には飲み水にも使える。

大規模建築物でトイレの洗浄水として雨水を使うことはかなり広がっている。2014年には「雨水の利用の推進に関する法律」が制定され、国などの建築物には雨水利用をすることが定められている。民間の代表的な施設では、東京スカイツリーが雨水をトイレの洗浄水や緑地の灌水《かんすい》などに利用している。

筆者の自宅では雨水をためてトイレ、散水、洗車に使っている。木造3階建てで、屋根面積約95㎡。雨水は屋根の約半分の面積から集水し、竪樋《たてどい》に設置したフィルターを経て、駐車場下の容量2㎥の樹脂製の雨水タンクに貯留される。1階のトイレ洗浄水は通常雨水を使用し、雨水タンクの水位が低くなると、給水栓の手動切り替え（写真）で水道水を使用する。また、災害で水道が使えない時に備え、手動ポンプも備えている（図）。

水質は良好で、水道水とほぼ同程度、無色透明である。しかし、消毒していないので雑菌は存在する。何度かコーヒーにして飲んだことがあるが、水道水と違ってマイルドな味であった。雨水は蒸留水に近い水質で、電解質のものが少

雨水活用のシステム図

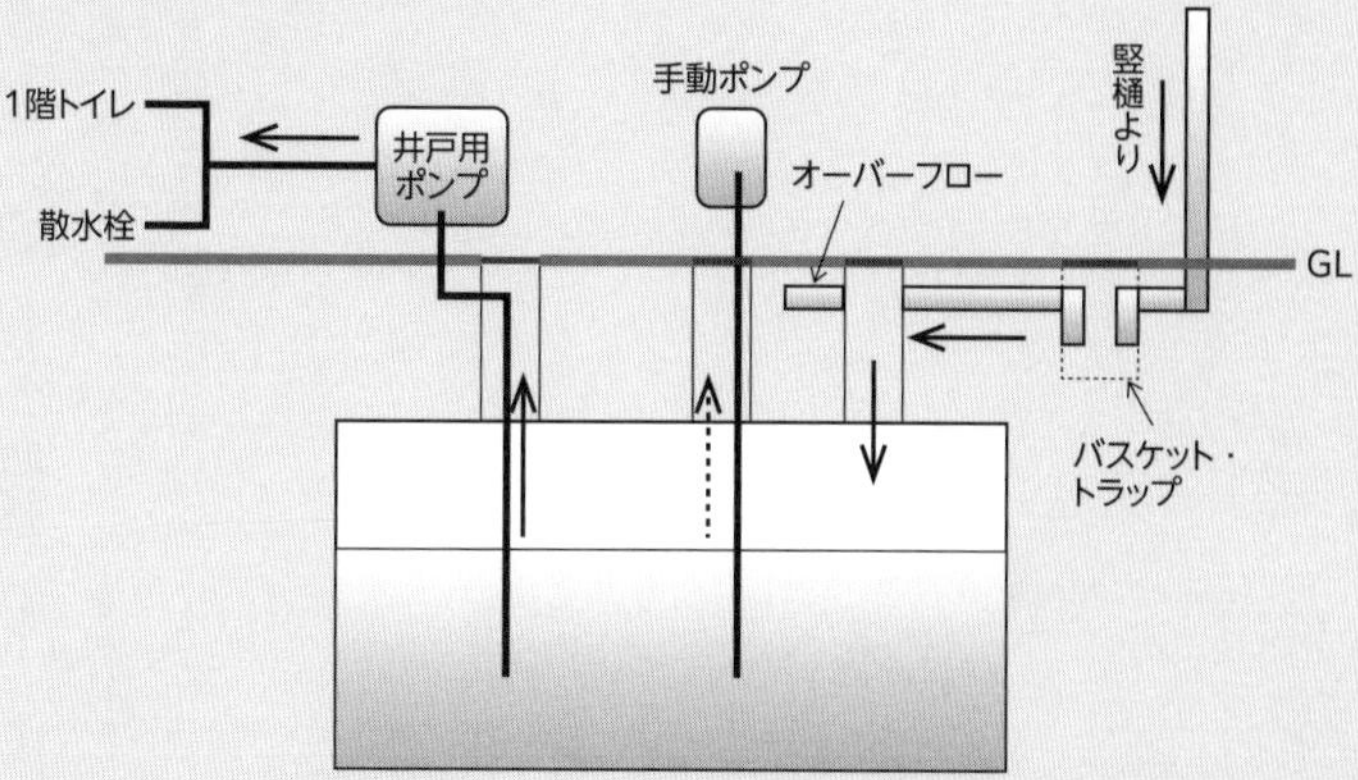

なく、超軟水である。災害時には十分飲み水として活用できそうである。

雨水を庭の散水として利用している場合は、下水道を使わないので料金を払わなくてよいが、トイレの洗浄水では下水道料金が必要なのではないか。銭湯を２０１５年に改築した友人がそのことで問い合わせた結果、雨水の個別メーターを付けて使用分を申告し、料金を払うことになった。筆者も２０１６年に竣工した際、東京都下水道局に問い合わせた。すると、個人住宅ならば必要なしとの回答であった。決まった運

トイレにある雨水と水道の手動切替え

用ではないのだろうが、地域によって扱いが違う可能性があるので、トイレ洗浄水など下水道に流す場合は所管の自治体に問い合わせしたほうがよい。

（高橋朝子）

おわりに

第1章で述べられているように、ＳＤＧｓは17の目標と１６９のターゲットで構成されている。本書ではトイレを切り口にＳＤＧｓについて述べたが、ここで扱えているのはＳＤＧｓが掲げる17の目標のうちの、主にＳＤＧ６（安全な水とトイレをすべての人に）である。ただしＳＤＧ６の中で掲げている８つのターゲットの全容を網羅することはできていない。

本書は、それぞれの分野で専門知識をもつ筆者が分担して執筆したが、こうして1冊の本となって感じるのは、ＳＤＧｓというのがとんでもなく広範な分野に関わる目標だということである。しかも開発目標だから、現状維持ではなく前に進んでいくための目標である。

ＳＤＧｓは気候変動による人類の危機意識から生まれた。ということはＳＤＧｓを貫く大きな視点は地球の中の人類という非常に俯瞰《ふかん》的なものである。しかし一方で、その視点は、一人の個人による日々の生活の営みをもカバーしなければならない。どの視点においても、そこには自然、技術、資金、人材、等々の課題が山積しており、さらには、人々の価値観の違いや政治的な思惑、国や地域ごとに異なる社会事情もあり、ＳＤＧｓが掲げる目標を世界規模で実現することの困難さを痛感させる。

本書で扱っている限られた範囲の中でさえ、右記のような解決すべき課題が多くあり、それについてはは本書のいたるところで指摘がなされているとともに、それへの対処についても述べられている。それぞれの問題にはそれぞれの対策が考えられるとしても、本書を通じて私が最も危機感をいだいたのは「水不足」である。

衛生的な排泄《はいせつ》行為を実現するために、私たちは「水」に頼っている。コンポストなどの水を必要としないトイレシステムもあるが、多くの近代社会では排泄後に水で流して下水道や浄化槽に送り込んでおり、水が私たちの衛生的な環境を守ってくれているとも言えるだろう。しかしその水とは、非常に限られた資源であることが第4章で指摘されている。そして、水が豊富だと思われている日本も、実はそうではないという事実も示されている。

目を海外に転じると、世界には日本よりもはるかに水の少ない地域が広範囲に広がっている。しかも世界規模での人口増加は続いており、この増加は主に「アフリカとアジアで発生すると思われる」(1)とされている。

これから衛生的なトイレ環境をインフラから整備していかなければならない地域で人口が増加しているということは、今後も水に対する需要が増大していくことを示唆している。

この現実に対して、はたして現在のような水に依存したトイレシステムが適切なのか、これは喫緊の課題のように思えるが、世界はまだその答えを見つけていないようだ。

雨水の活用は、わが国においては有効な方法のように思える。しかし温暖化で砂漠化が進行している地域では別の方法が求められることになるだろう。

私たちは日々の暮らしに追われて、今の自分を鳥の目で見る機会をもつことはまれである。そういう点ではＳＤＧｓは、私たちの暮らしの背後で起こりつつある現実を見る機会を与えてくれるし、そこから未来をきちんと見ることの大切さを教えてくれてもいる。

(一社)日本トイレ協会は、トイレ文化の創出と快適なトイレ空間の創造、トイレに関する社会的課題の改善を目指す団体として、１９８５年から活動を続けている。小さな団体だが、そこにはトイレの広範な分野に関する専門家や、トイレに関心をもつ使い手が集まっており、トイレについて真剣に議論する熱気がある。

この日本トイレ協会から「進化するトイレ」シリーズとして、『災害とトイレ』（２０２２年6月）、『快適なトイレ』（２０２２年7月）が刊行されており、本書は同シリーズの第3弾である。本書、本シリーズの刊行にあたり、多大なご尽力をいただいた柏書房の関係者には、深く御礼申し上げる。

『ＳＤＧｓとトイレ』第3章担当　川内美彦

一般社団法人日本トイレ協会『ＳＤＧｓとトイレ』編集チーム

(1) 国際連合広報センター「人口と開発」国際連合広報センターのホームページ（https://www.unic.or.jp/）→主な活動→経済社会開発→社会開発→人口と開発

執筆者一覧（五十音順）

＊＊は編集代表　＊は編集委員

足立寛一　㈱エクセルシア代表取締役／日本トイレ協会運営委員

＊川内美彦　東洋大学人間科学総合研究所客員研究員／日本トイレ協会運営委員

北岡未唯　日本トイレ協会若手の会 flush 代表

齋藤亮次　公文国際学園中等部・高等部教諭／早稲田大学教育総合研究所特別研究員

＊白倉正子　アントイレプランナー代表／日本トイレ協会会員

高橋朝子　ＮＰＯ雨水市民の会事務局長

＊高橋未樹子　コマニー㈱研究開発本部研究開発課課長／日本トイレ協会会員

谷口洋幸　青山学院大学教授

戸田隆夫　明治大学特別招聘教授／元ＪＩＣＡ上級審議役

戸田初音　日本トイレ協会会員

永島史朗　ＴＯＴＯ㈱渉外部担当課長／日本トイレ協会運営委員

長島洋子　㈱ＬＩＸＩＬコーポレート・レスポンシビリティ室室長

中村咲里佳　日本トイレ協会若手の会 flush

日野晶子　㈱ＬＩＸＩＬ ＬＷＴＪ営業本部設備プロジェクト営業部スペースプランニンググループ

星野智子　（一社）環境パートナーシップ会議副代表理事／（一社）ＳＤＧｓ市民社会ネットワーク理事

村上八千世　常磐短期大学准教授／日本トイレ協会運営委員

＊＊山本耕平　㈱ダイナックス都市環境研究所代表取締役会長／日本トイレ協会運営委員

第３章第４節監修

岩本健良　金沢大学准教授

編　者

日本トイレ協会

1985年にトイレ問題に関心を持つ官民の有志により発足、2016年に一般社団法人。①トイレ文化の創出、②快適なトイレ環境の創造、③トイレに関する社会的な課題の改善、に大きく寄与してきた。会員相互に研鑽を積み重ね、関係各方面の協力を得ながら、主に全国トイレシンポジウムや各種講演会を通じて、最も進んだトイレ文化の華を日本に咲かせるとともに、世界への情報発信に努めている。

公式ホームページ
https://j-toilet.com/

進化《しんか》するトイレ
SDGsとトイレ——地球《ちきゅう》にやさしく、誰《だれ》もが使《つか》えるために

2022年9月10日　第1刷発行

編　者——日本トイレ協会
発行者——富澤凡子
発行所——柏書房株式会社
東京都文京区本郷2-15-13（〒113-0033）
電話（03）3830-1891［営業］
（03）3830-1894［編集］

装　丁——Malpu Design（清水良洋）
本文デザイン——Malpu Design（佐野佳子）
組　版——有限会社一企画
印　刷——壮光舎印刷株式会社
製　本——株式会社ブックアート

ISBN978-4-7601-5468-5